?! 科学漫画　サバイバルシリーズ

湿地生物のサバイバル

（生き残り作戦）

かがくるBOOK

습지에서 살아남기

Original Korean edition was published by Ludens Media Co., Ltd.
Japanese translation rights was arranged with Ludens Media Co., Ltd.
through Livretech Co., Ltd.

湿地生物の サバイバル

文：洪在徹／絵：鄭俊圭

はじめに

命の宝庫、湿地

しばしば沼や沢、池などの名前で呼ばれる湿地。解決が難しい問題に出会うと、よく「泥沼にはまった」と言いますね。湿地とは英語で「wetland」、つまり湿った土地です。水はけが良くて、すぐ乾く土地を住みやすい場所と思っていた昔の人からすると、湿地は決して良い土地でも、価値のある土地でもありませんでした。

しかし、湿地をよく見てみると、こうした否定的なイメージとは裏腹に、湿地は人間が自然と共に生きていくために絶対に必要な場所だということが分かります。湿地は地球に存在する多様な自然生態系の１つで、上流から流れてくる様々なものを吸収・浄化し、不足した水を供給したり、余りの水を調整したりしてくれる、天然のフィルターの役割を担っています。

また、湿地で生息している木々は根っこを大地にしっかりと伸ばし、台風や洪水でも土壌が流れていかないように防いでくれます。実際に湿地のある場所では台風が来ても大きな被害はありません。他にも湿地の植物は光合成をして二酸化炭素を消費し、地球の二酸化炭素濃度を調整してくれています。

中でも湿地が注目される理由は、そこに生息するたくさんの生き物たちにあります。湿地は豊富な水と栄養素を持っていますが、水位が変わりやすく、太陽の光は受けづらく、水には塩分があるため、そこに適応できる生き物は一般的な水中、陸上の生物とは違う独特な特性を持っています。また、海洋生物の60％が湿地に生息し、海洋生物をエサにする鳥たちもまた湿地に生息地があるのです。平均して約170種余りの鳥が湿地に基盤を置いています。

残念なことに全世界で進んでいる都市の拡大と土地開発のせいで多くの湿地が破壊され消えてなくなりました。湿地を保存しなければいけない理由は、人間の便利さのため湿地を破壊すればするほど、破壊の後遺症がブーメランのように返って来るからです。毎年深刻になっていく地球温暖化のことをみれば分かりますね。私たちは生きるため自然を破壊するのではなく、生きるために自然と共存するんだということをしっかりと覚えておかないといけません。

洪在徹、鄭俊圭

目次

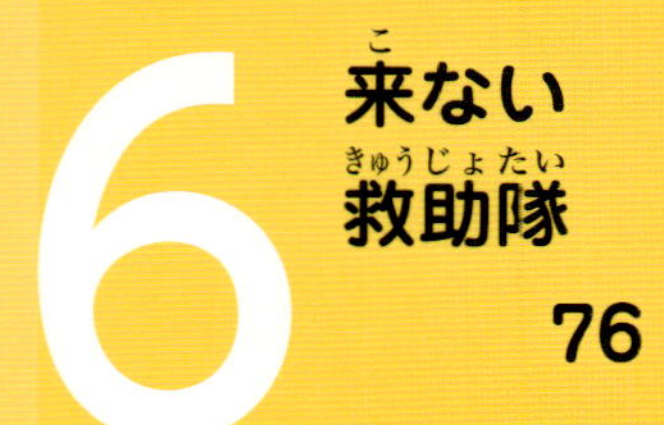

ルイ

「始まったばっかだぞ、
頑張ろう！」

叔父さんの招待でユジンと一緒にアメリカ最大の湿地・エバーグレーズを訪れたルイ。湿地の探査そっちのけでワニのバーベキューを楽しみにしていたのに、運命のいたずらのようにエアーボートが転覆する事故に遭ってしまう。通信機器は全部濡れてしまって救助隊を待つしかない運命。しかし、我らがルイはそんな危機にも負けたりはしない！　彼はサバイバルの固い意志さえあれば、必ず道が開けるということを経験してきたから。

旅行の理由：叔父さんに、タダでエバーグレーズを案内してあげると言われたから。

強み：一触即発の危機状況でも大胆で落ち着いた行動をみせる。

弱点：無駄に好奇心が強く、やってもいいことと、いけないことの区別がつかない。とにもかくにも空腹だけは我慢できないという本能に生きるところ。

ユジン

「何だかんだ言うけど、ルイはいつも前向き。羨ましいわ」

ルイの叔父さんの招待を受け、野生動物の楽園・エバーグレーズ探査に出かけて遭難してしまう。遭難したことよりも、隣で騒ぐルイと、何だか頼りげない叔父さんと一緒だということに困惑している。後先考えないルイをうまく丸め込みながら（？）、誰よりも賢く湿地のサバイバルに挑む。

旅行の理由：果てしなく続く湿地・エバーグレーズを自分の目で確かめ、自ら経験する絶好のチャンスだから。

強み：物知りで、好奇心も強く、学ぼうという熱意の持ち主。

弱点：落ち着いていて我慢強いけど、ルイにだけは我慢がならない。

叔父さん

「俺様の知識には、大抵のレンジャーも勝てないんだぜ」

一生懸命働いたお金で自然探索をするのが人生の楽しみ。今回も頑張って稼いだお金でルイとユジンを招待し、夢に見たエバーグレーズ探査に出かける。少ない費用で最大の効果を出すべく、装備は古いものを揃えるものの、湿地について誰にも負けない知識があると自信満々だった。ルイがエアーボートを壊すまでは……。

旅行の理由：子どもたちに本物の自然、エバーグレーズを見せてあげたくて。

強み：真面目で博学。サバイバル技術にも詳しい。

弱点：知らないことでも知ったかぶりをする。

1章 エバーグレーズ国立公園

ドン
グヘッ
オーマイガー！俺の自慢の鼻が！
アイムソーリーですね。
バタ
バタ
大げさなんだから、もう。

何なんだよ。これ離せよ！
ビョ～ン
な……、何？
ところで、お前？
サッ
ササッ
ウン？

何にもないのかよ。はるばる異国の地であくせく働いたお金で観光させてあげるっていうのに、プレゼントの１つも用意してないのかよ！
アハ。

そんなワケないだろう？

ジャジャーン
ナニナニ？
アイドルの最新写真集だぜ！
パッ

チョット、そんなので喜ぶと思う？大の大人が。
え、そうかな？

ウヒョヒョヒョ
アイドル！
ありがとう～。
ビヨン ビヨン
どういたしまして……。
大きな子どもだったか……。

よし！こんな素晴らしいプレゼントをもらったら、お返しをしないとな。

カッコいいスポーツカーで運んであげよう。カモン！
運ぶって、荷物じゃないんですけど。

どうだ、俺の愛車だぜ！スゴいだろう？
ジャン

……。
ググ

屋根が飛ばされてる！
飛ばされたんじゃなくて、オープンカーだよ！
これ走れるの？

僕たちはバスで行こうか。
そうね。
スト～ップ！

お客様、快適な旅にようこそ。
離せ～！

「沼」というと普通は水が溜まっていると思うけど、エバーグレーズは北側の巨大な淡水湖の「*オキーチョビー湖」から流れた水がゆっくりゆっくり「流れる沼」なんだ。

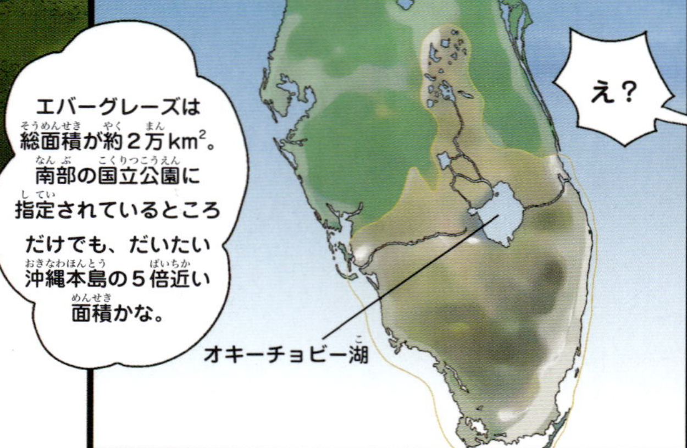

＊オキーチョビー湖（Lake Okeechobee）：アメリカのフロリダ州南部に位置。面積約1890㎢。南北に64km、東西に40kmの大きさの湖。平均水深３m、アメリカで７番目の大きさの淡水湖。

＊パティ：お肉を細かく切って円形に整形したもの。

美味しいけど、ちょっとお肉が硬いわ。
モグモグ

フッ。それはな、ワニ肉だからだよ。

プッ
ウワッ。
ハッ！

最初に言ってよね！
だからって吹き出しちゃダメだろ？
ウマいよ、コレ！いらないなら僕にチョーダイ。

さあ、アンヒンガ・トレイルに着いたぞ。「アンヒンガ」は「ヘビウ」とも呼ばれる鳥で、ここにたくさん生息しているんだ。
inga Trail

エバーグレーズは1947年にアメリカで初めて生態系保護を目的に、国立公園に指定されたんだ。

その後1979年にユネスコ世界自然遺産に、1987年にはラムサール条約の保護地域に指定されるほど、生態的価値のある場所なんだ。

ウヒョー、あれワニじゃない？
あら！本当だわ。
説明を聞きなさい！

せっかく説明してあげてるのに、全然聞いてないんだから！
ソーリー。
ごめんなさい。

ところで、ラムサール条約って何？
ホウ。知りたいかい？

私が説明してあげる。
正式名称は「特に水鳥の生息地として国際的に重要な湿地に関する条約」だよ。
この条約は国境を越えて移動する水鳥やその他湿地を利用する生き物のため、加入国で湿地を保護することを義務にしているの。
カ～ カ～
良くない観光客の典型

＊マナティー（manatee）：哺乳綱海牛目マナティー科の総称。体長2.5～3.9m、体重350～1500kg。

ウワー！
カッコイイ！
ワ〜。

汗水垂らして皿洗いで稼いだ大金を全部使って、何と２時間も貸し切ったんだよ。
Clean Clean
ハァ ハァ
手首が折れるかと思った！
クー
ハイハイ、分かったよ。

でも席が３つしかないけど、操縦はどうするの？

グイッ

ワニもいるのに、素人に任せて大丈夫かな？
ダメだね。逃げよう。
聞こえてるぞ、お前ら！

＊スクリュー：回転軸の付けられた螺旋型の金属の羽。

ヒャー
超特急だ！
ブーン
本当に水に浮いてるのかな？
確かめてみよーっと。

スッ
おい、何するんだ？

ウヒョー、本当に浮いてるぞ！
シュー

危ない！
座ってろよ！
ビク
ドボン
タン
ヒッ
バシャー
今すぐ帰れ！
だから、
ワザとじゃない
ってば！

永遠の湿地、エバーグレーズ

オキーチョビー湖　フロリダにある大型の淡水湖で、エバーグレーズの源流でもある。

　エバーグレーズ（Everglades）は「永遠の湿地帯」という意味です。普通、沼の水は溜まっていますが、エバーグレーズは北から南へ緩やかな傾斜になっているため、ゆっくりではありますが水が流れています。フロリダ中央にある大型の湖、オキーチョビー湖から流れてきた水はエバーグレーズを通って海にゆっくりと流れていきます。フロリダ南部にあるエバーグレーズ国立公園の面積は南北に160km、東西に60km、総面積が約6105km^{2}で沖縄本島（1208km^2）の面積の約５倍にあたります。また温帯と亜熱帯、淡水と汽水（淡水と海水の混ざった水）が同時に流れていて、合計400余種にいたる陸上及び水生脊椎動物と絶滅危惧種らの生息地になっています。アメリカ史上初めて、生態系保護のため1947年12月６日に湿地の総面積の約３分の１を国立公園に指定し、1979年にはユネスコ世界自然遺産に、1987年にはラムサール湿地保護地域に指定されました。

上空から眺めたエバーグレーズの景色。

湿っている生命の地、湿地

湿地（wetland）を言葉通り解釈すると「湿っている土地」を意味します。しかし国や団体によって湿地の定義には少しずつ違いがあります。

ラムサール条約上の湿地　低潮時の水深が6ｍを超えない海域を含む沼、湿原、海岸湿地や水域を意味します。また、湿地と隣接した河川辺、島、養魚場、農耕地、池や、最干潮のとき水深が6ｍ未満の海辺も湿地に含まれます。

日本の湿地　淡水や海水により冠水する、あるいは定期的に覆われる低地のこと。

ラムサール条約

1971年イランのラムサールで採択され1975年に発効した条約で、正式名称は「特に水鳥の生息地として国際的に重要な湿地に関する条約」です。日本は1980年に加入しており、現在の加入国は全世界で169カ国です（2016年10月現在）。ラムサール条約の目的は経済的、文化的、化学的、余暇的価値を持つ資源である湿地の侵食と損失を防ぐことにあり、条約に加入する国は以下のような義務を負うものとします。

❶ 国際的に重要な湿地を１カ所以上指定
❷ 指定した湿地の生態学的特性の維持
❸ 全ての湿地の賢明な利用のための企画
❹ 湿地の自然保護区の指定

世界の主な湿地

©Shutterstock

ラトランド湖　イギリスのミッドランズ東部にある人造湖で、数万羽の水鳥が生息している。特にオカヨシガモやヘラサギが餌を得るのに理想的な環境を提供する。

©Alicia Yo

パンタナル自然保護地域　ブラジルにあるパンタナル自然保護地域は世界最大の湿地生態系の1つで、雨季には平原の80％が水に浸かり、水中に生息する動植物の生態系を豊かにする。

©Shutterstock

釧路湿原　日本の北海道釧路平野に位置していて、日本最大の湿原である。タンチョウや日本最大の淡水魚イトウなど珍しい動物や魚の生息地でもある。

©NASA

ニジェール内陸デルタ　マリ共和国国内にある、多数の湖や氾濫原からなる広大な地域。魚類の資源が豊富で、ヨーロッパとアフリカを移動する渡り鳥の中継地としても知られる。

©Shutterstock

チリカ湖　インド東海岸にあるラグーン（潟湖、砂や砂利でできた堆積地形が海と分離した所）で、渡りをする水鳥が冬を過ごす場所でもある。また多くの珍しい種、絶滅危惧種の生息地であり、カワゴンドウが生息している。

©Shutterstock

ジャロン自然保護区　中国のジャロン自然保護区は淡水湖で、数え切れない数の小さい湖と葦原でできている。タンチョウとマナヅルの主な生息地である。

2章 フロリダのマナティー

もちろんだよ。
フロリダ湾に接している
海岸にはマングローブ林が
広がっているんだ。
そして陸に少し入ると
背の低い草が生い茂った
海岸の草原が
広がっているんだ。

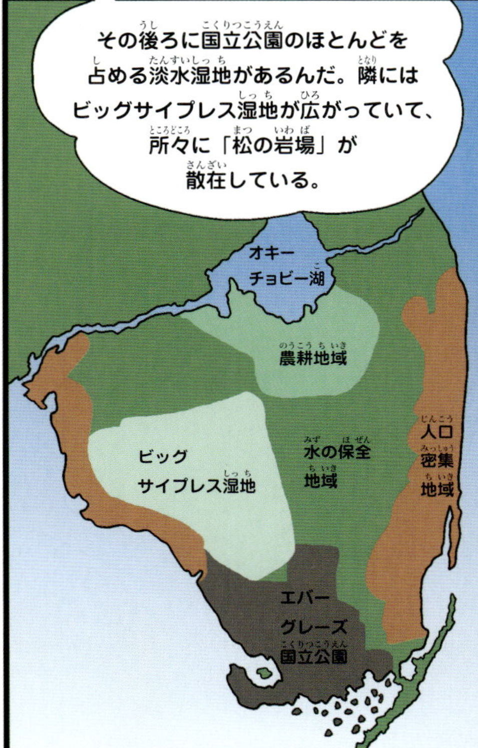
その後ろに国立公園のほとんどを
占める淡水湿地があるんだ。隣には
ビッグサイプレス湿地が広がっていて、
所々に「松の岩場」が
散在している。
オキー
チョビー湖
農耕地域
ビッグ
サイプレス湿地
水の保全
地域
人口
密集
地域
エバー
グレーズ
国立公園

規模が
大きいだけでなくて
植物の種類も
豊富なんですね。
そう
なんだ。
ブーン

ところで、前から
見たい見たいと
うるさかったマナティーは
どこにいるの？
え？

うるさいって
どういう
こと？
だって
うるさいん
だもん！

マナティーは
マングローブ林で
よく目撃されてるから、
そっちに向かうよ。
イケイケ
GOGO！
ブーン

叔父さん、
ちょっとだけ僕が
運転しちゃダメ？
ノ～。
こんな所で
命をかけたくは
ないね。
賛成。
チッ。
マングローブ林に
向かって
スピードアップ！
出発！
ブォーン

ここが
北米最大の
マングローブ林だ。
ブン

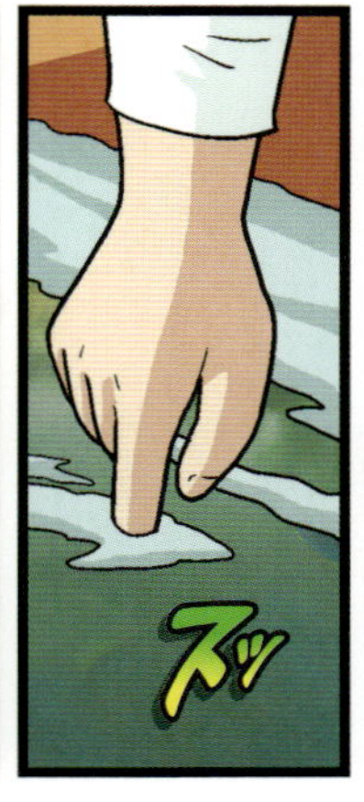
スッ

チュッ

ゲ、しょっぱい！
海水が混じったの
かな？
正解。

マングローブ林は
熱帯や亜熱帯の河口や干潟、
つまり海に面した場所に
できるんだよ。

それに、マングローブは
稚魚に成長空間を提供していて、
陸から排出される水を浄化して
くれているんだぞ。それに海岸の
侵食を防いで、高波まで抑えて
くれる役割をするんだ。

それじゃ、近くで見てみようか。

ヘエ？変な形をしてるな。これは根っこなの？枝なの？
根っこだよ。

マングローブは根っこで酸素呼吸をするから、根っこの一部がタコの足みたいに水面に出てるのよ。呼吸根と言うの。
不思議。

マングローブは子どもを産む木として有名なのよ。
何？

本当？どうやって？

普通マングローブは海に落ちた実が分散して繁殖をするの。

なぜなら、マングローブが地球全体の熱帯林に占める割合は１％に過ぎないけど、二酸化炭素を１ha（ヘクタール）当たり毎年25tも吸収して貯蔵できるからなんだ。

マングローブ分布地域

マナティーは大西洋、ジュゴンは太平洋とインド洋に生息していて、穏やかな性格で他の動物からの攻撃を避けるために海で生活するようになったと言われているの。

こんにちは～。

マナティー

ジュゴン

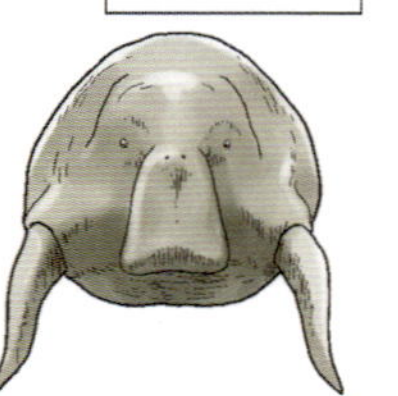

不細工でスイマセ～ン。

アッ
どこ？
あ、あそこに
マナティーが！

！

昔の人が人魚と
間違えたのも
分かるな。
キャー、カワイイ！
お母さんと
赤ちゃんかな。
ヌー

バシャ
バシャ
こんな近くで
見られるなんて、
ラッキーだな！
パシャ
パシャ

あのさ、
マナティーとジュゴンは
どうやって区別
するの？
尾びれを見れば
すぐ分かるよ。
マナティーは丸くて、
ジュゴンは半月の
形ね。
マナティー
ジュゴン

そう？
この目で確認して
みないと。
フウ～ッ

バシャン

何してるん
だよ！
ルイ！

プク
プク
ヌー

本当だ、丸い。
!
ヌ
ウン？
スッ
バキーン
グエッ
ゴーン
バシャ
ギャー

生命の植物、マングローブ

実から根が出ている。

「マングローブ」は海に面した浅瀬に自生している植物の総称です。マングローブという名の木ではなく、世界で約100種類の植物がマングローブと呼ばれています。マングローブは根から酸素を吸収するため、根の一部が水面の上に露出しています。こうした根を呼吸根と言います。マングローブは海岸の水の中で成長し、海岸で発生する様々な自然災害から守ってくれる役割を果たします。たくさんの木の根が土を固く固定し土壌が侵食されることを抑え、生い茂った林で台風や津波などから守る役割もします。2004年、スマトラ島沖地震による巨大な津波がスリランカを襲った時、マングローブ林が生い茂った場所では死傷者がたった２人だったのに対して、マングローブ林のない場所では6000人もの人が死亡したそうです。地球全体でマングローブ林が占める割合は熱帯林の１％に過ぎません。ですが、全世界で人間が作り出す二酸化炭素を毎年１ha当たり25tも吸収し貯蔵する能力を備えています。しかし、最近多くのマングローブ林がある東南アジアではエビの養殖や木炭の材料とするためにマングローブ林を伐採することが多く、深刻な生態系の損傷及び自然災害による損失が心配されています。

エバーグレーズで生息するマングローブ　マングローブは干潟や河口で生息し、幹と根から多くの呼吸根を出すのが特徴。

海の牛、マナティーとジュゴン

大西洋のマナティーと太平洋のジュゴンは海牛（sea cow）と呼ばれていますが、とても似ているためよく間違われてしまいます。彼らは珊瑚礁のある熱帯と亜熱帯の海で生活し、海藻を主食にしています。動物の分類学的にはマナティーもジュゴンも両方ゾウに近いのではないかと推測されています。歯のつくりなどが陸上のゾウと似ています。性格は大人しく、動きはゆったりしていますが、ジュゴンは最大10分、マナティーは20分も潜ることができます。マナティーもジュゴンも人魚を連想させますが、特に授乳をする姿が人間と似ているからではないかと言われます。

ジュゴン　口が下向きになっている。

マナティー　ジュゴンより皮膚がザラザラしている。

平均体重450kg

平均体重500kg

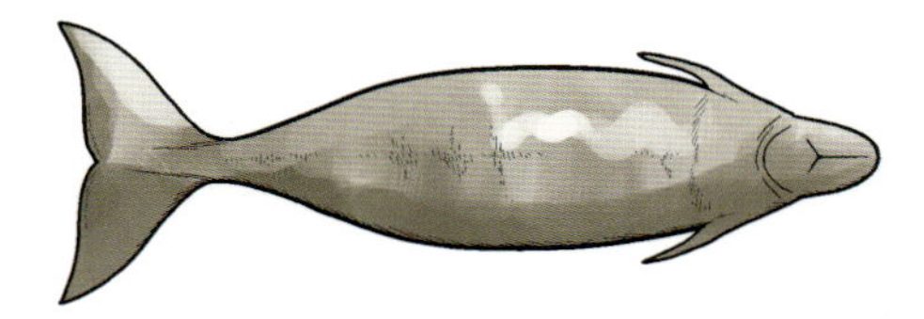

平均の大きさ3m/尻尾が分かれている。

平均の大きさ3.3m/尻尾は丸い。

3章 鳥の楽園

ツラいかい？
し、し、し、痺れてきた……。
ブルブル

スリスリ
俺のハンサムな顔が台無しじゃないか！

プク

テクテク
……。

ごめん。
勝手に行動しちゃダメでしょう？

いくら興奮したからって！
ギロリ
本当にごめんなさい。すっかり興奮しちゃって……。

言い過ぎたかな？
パタ
パタ
パタ
パタ
鳥だわ！鮮やかなピンク色！
ベニヘラサギだよ。
くちばしが長くてスプーンみたいなので英語では「Roseate Spoonbill」と言うんだ。
ここの鳥にも詳しいの？
フッ

アッタリまえだ！
俺の知識はここのレンジャー（自然保護官）にも引けを取らないんだぜ。
何でも聞くがよい！
ジャーン

トキ科の分類基準と遺伝的特徴について教えてください。
クッ

フムフム。
あんまり学術的過ぎても理解できないと思うから、分かりやすく教えてあげよう。
ムクリ
やっぱり、知らないんじゃ。

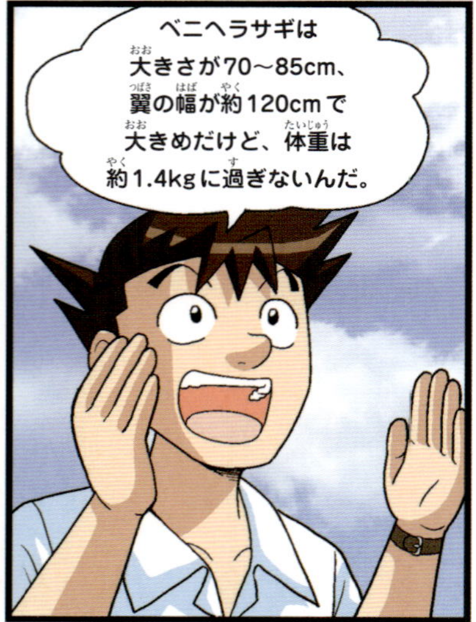
ベニヘラサギは大きさが70～85cm、翼の幅が約120cmで大きめだけど、体重は約1.4kgに過ぎないんだ。

頭はだいたい緑褐色で、
首・背中・胸は白なんだ。
その他の部分は
真紅だね。
雌は1度に2～5個の
卵を産むんだけど、
繁殖期になると
胸の中央あたりがピンクに
変わるのが特徴と
言える。
ベニヘラサギ求愛のダンス

ルイったら、
もう機嫌
直してよ。

まだ
怒ってるの？

オグワアイオウウ
（僕は大丈夫）
イニイナイエ
（気にしないで）
？

あの
喋り方は！

お前、まさか？
ダダダダ
お前！
へへ。
モグモグ
顔を見せろ！
Oh, ノー。

だからって口の中のものまで食べちゃダメでしょ！
汚い！
あっ、ズルい！
反省してると思ってたらビーフジャーキーを食べてるなんて！
一緒に食べようよ。
ムシャムシャ

説明に戻ろう。湿地は海への流れを調整し、汚染物質を浄化し、大量の栄養分を堆積させるんだ。
この栄養分は微生物活動や植物の成長を促進して、水生昆虫や魚貝類の餌になったりもする。

そして今度は
水棲昆虫や魚類が水鳥の
餌になるからエバー
グレーズは400種余りが
生息する鳥の楽園に
なったのだよ。
ここでは、
あいつらにだけ
気をつければ
いいんだ。
ちょっと、
ジャマ
なんだけど。
ハ、
ハイ！

中でも
代表的な鳥は
ベニヘラサギと
ヘビウ（鵜）、
ダイサギ、
オオアオサギ、
トキなどだね。
ベニヘラサギ
ヘビウ
ダイサギ
オオアオサギ
シロトキ
あそこの鳥は
踊ってるみたい
じゃない？
クク
ほら、
こんな感じで！
あんなの
踊りと言える？
お爺ちゃんか。

ウの仲間は水に潜って
狩りをするけど、
羽に油がなくて
水を弾かない。

だから水に潜った後は
羽を広げて
乾かすんだ。
あ〜、
腕が……。
ブル
ブル
また痺れた
のかい？　なかなか
大変だね。

私、ここの
サイプレス湿地に
行ってみたいわ。

おい、
ただでさえ
疲れてるのに、
いい加減にしろよ！
パタン
キャ。

そろそろワニの
バーベキューに
しようぜ。
ポイ
ユジンの爪の
アカでも煎じて
飲ませたいわ。
ワニは
食べないって
ば！

危ないから
早く座れ！
それじゃ
出発するぞ。
ヒッ。
ブワーーン
ここが
サイプレス
湿地帯だ。
ドドド

文句
ばっかり。
おい、クッさい
だけだぞ、何が
ステキなんだよ？

ワ～、景色が
さっきと違うわ。
写真よりもステキ！
ブワア

ブーッ

幹の太さは3mもありそう。樹齢100年くらいかな。
ウヒョ〜、デカイ！
これがサイプレスの木だぞ！
これくらいの大きさなら、300年は優に超えたかな。

こんな
険しい環境で
300年か……。
やはり
命の力は
偉大だね！

バタン
…

ヒッ
キャー。
ダダダダン

アタフタ
いつの間に
そこに？
ジッとしてろよ！
ギュッ
ギュッ。
停止ボタン
どれだろう？
あ、
ごめん！
キー

ダダダダダダ

ブ……、
ブレーキを！
ブァアアァーーン

な、何で
止まらないんだ？
グッグッ
キャー！
ブーーン
！

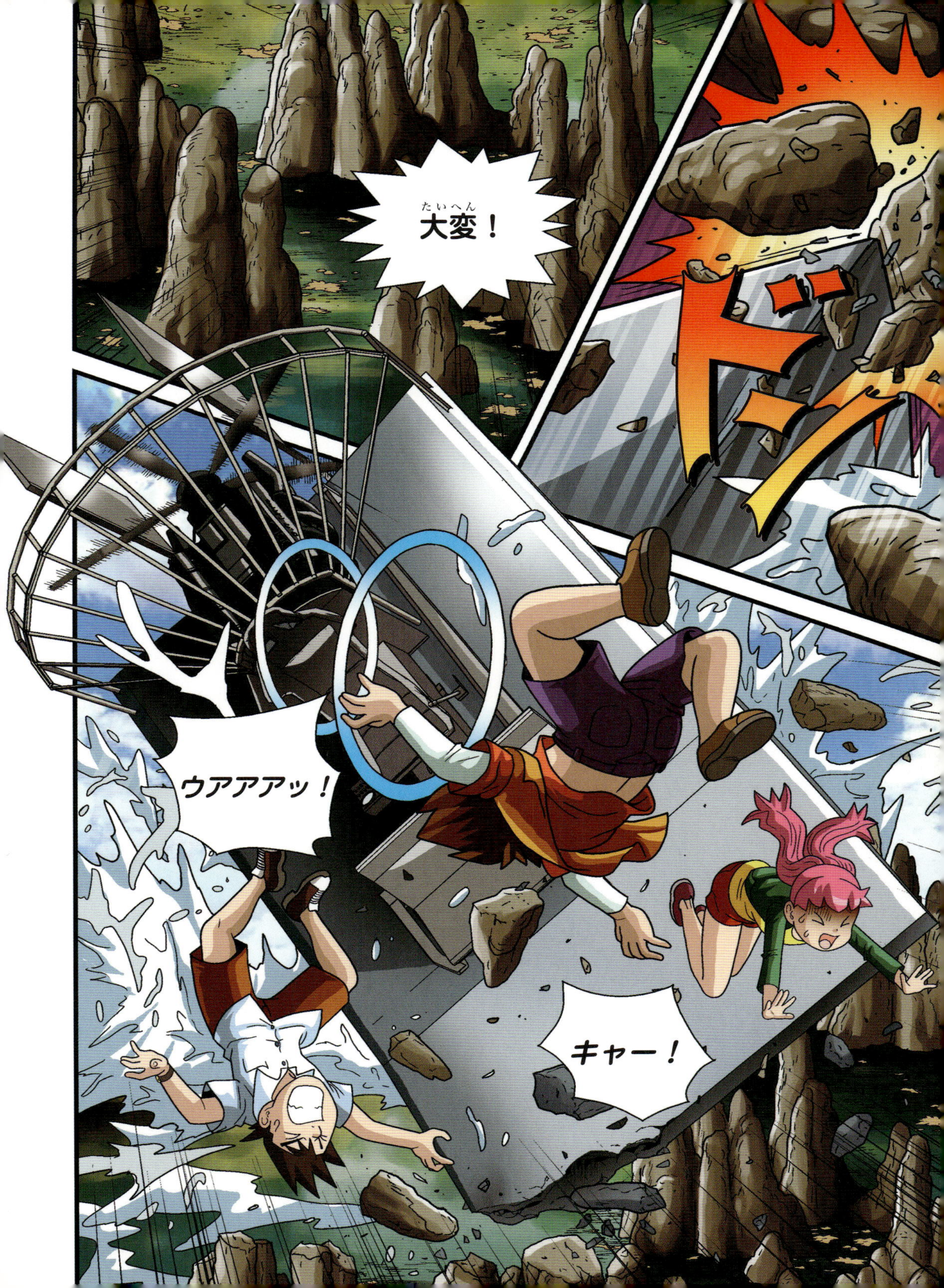
大変(たいへん)！
キャー！
ウアアアッ！

写真で見るエバーグレーズの鳥類

©Mdf

フエコチドリ　絶滅危惧種で全世界に6000余羽しか存在しない。子どもがいる雌が天敵に会った時に、わざと怪我をしたフリをして巣から遠ざかる行動で有名。

©Shutterstock

ヘビウ　ヘビウは水中で魚を捕まえる時に首を長く出すのだが、その姿が蛇と似ているため英語ではスネーク・バードとも呼ばれる。水中に潜った後は翼を乾かすために広げる。

©Shutterstock

シロトキ　体が全般的に白く、翼の内側に黒い模様がある。長く曲がったくちばしと脚は紅色である。浅い海岸湿地やマングローブ林などに生息、他の種とも混じって大きな群れで生活するのが特徴。

©U.S. Fish and Wildlife Service Headquarters

ホオジロシマアカゲラ　アメリカ南東部に生息するキツツキの一種で、頭は帽子を被ったかのように黒く頬は白い。繁殖期にはオスの頭の黒い部分の両側に小さく赤いスジができる。

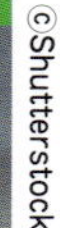

©Shutterstock

カッショクペリカン　ペリカンの中で最も小さい種のひとつ。くちばしの下に付いた袋を網のように使って魚を捕る。雛は親鳥が消化して吐き出した魚を餌として食べる。

©Shutterstock

ベニヘラサギ　頭と喉は緑褐色、頸から上背は白、他の部分はピンク色。繁殖期になるとコロニーを形成し、樹上に巣を作る。

©Shutterstock

ハクトウワシ　アメリカの国鳥で、体は茶色で頭と尻尾は白。海岸や湖畔に生息し、高い木の上に巣作りをする。魚はもちろん、鳥や哺乳類も餌にする。乱獲や森林の減少、農薬に汚染された餌のため個体数が減ったが、最近は回復している。

©Shutterstock

ミサゴ　肉食の猛禽類で背中と翼の上面は黒褐色で、腹部と翼の下面は白く、顔も白い。水辺や海岸に生息して魚を捕食し、餌を探す時は低空飛行し、見つけると空中で静止するホバリング飛行のあと急降下して餌を捕まえる。現在、準絶滅危惧種に指定されている。

©Shutterstock

アメリカムラサキバン　鶏と大きさがほぼ同じで、体全体が赤紫またはツヤのある藍色の羽で覆われている。額とくちばしは赤い。繁殖時は複数のメスが１つの巣を共有し、数羽のオスが受精を行う。

©DickDaniels

ゴイサギ　赤い目と頭部の後ろから突き出している対になった羽が特徴的。脚の色が冬には黄色、夏は赤に変わるのが特徴。主に夕方から明け方にかけて餌を探す。

4章（しょう）
壊（こわ）れたエアーボート

キャー
助けて～！私、泳げないのよ！
落ち着いて！水深は１ｍもないんだ！
助けてよ～！
アップ
アップ

あら？本当だわ。
トン

どこか怪我はないかい？
ええ。大丈夫みたい。
ハ～、ビックリした！

あれ？ルイはどこ？

いないわ。
ウン？

まさか頭でも打ってたりして！
違うな。
もうちょっと後で怪我したフリをして上がろう。
プクプクプク
プクプク
ズンズン
？
トリャー！
パッ
グサッ
グオ！
謝るどころか、水中に隠れるのか？
ックー
イテテテテ。
ごめんごめん、ソーリー。
ソーリー？

ヌオー、
イテ～よ～！
自業自得ね。
パタ
パタ

口先ばっかり
達者で！
バチン
ギャー

何？
まだ言い訳！
ヒッ。

全部、
この変な木のせい
なんだよ！

何だ
って？
まあ、あんたが
膝根を知ってる
ワケないか。

もう、
イヤんなっちゃう。

これが根っこなの？本当？
そうよ。

膝根はヌマスギの特徴なのよ。膝根には２つの役割があって、１つは酸素を吸入する役割と、もう１つは水中で根っこを地面に固定する役割があるわ。

分かった！　湿地では根っこがいつも水に浸かっていて呼吸しづらいからだろう？　マングローブの呼吸根と似てるんだね。
完全なバカではなかったんだね。
チョット！

根はもともと土の中で植物を支えたり、吸水や養分の貯蔵を担当するでしょう？
もうすぐ乾期だから栄養をとっておかないとな。
ズズ
ズズ

でもこうして空気中に露出しているものを英語ではニールート（knee root）つまり「膝根」と言うの。

ほとんど幹の周りに出ていて、ヌマスギの膝根は最大２ｍのものが発見されてるよ。
ワー
２ｍなら僕よりも大きいじゃないか。

ススス

スー

キャー！
バシャ
バシャ

ど、どうした？
何か脚をかすめて行ったわ。

ヌルヌルしてたのよ。
ジャブ
ジャブ
蛇じゃない？
へ、蛇？ここ蛇もいるの？

落ち着け。蛇ではないよ。蛇なら水面を泳ぐから、おそらく魚だ。
ほ、本当？

とにかく、早くボートを元に戻して乗り込もう。
そうだな。

イ～チ、ニノ、サン！
ヨイショ。
ジャバ

もう水を
見てるだけで怖いわ。
早く戻りましょう。
キーコ
キーコ
俺もそうしたいところだが、エンジンがかからないんだ。ひっくり返った時に故障したようだ。

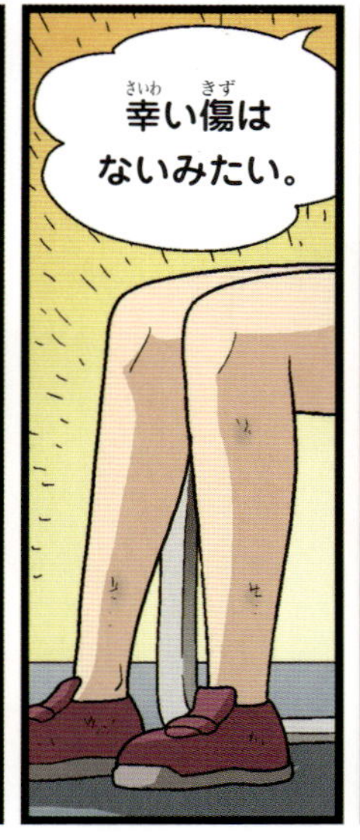
幸い傷は
ないみたい。

困ったぞ。
グッ
グッ

お前、考えてみろよ。
携帯が無事なワケ
ないだろう？
カタ
カタ

エッ？
遭難した
ってこと？
け、携帯で
救助要請
すれば？

僕が悪かったのは認める。
でも今は今後の対策を
考えるのが先だろう？
モウ
……。

どうしてくれるの？
全部あんたのせい
だからね！
ごめん！
悪かった！
この通り！
ガオー

それは
そうね。
ヨッシャ！

とりあえずボートで待っていよう。夕方まで俺たちが戻って来なかったら明日の朝から捜索に出るはずだから。

うまくいけば明日救助されるかもね。
それじゃ、一晩の湿地体験ということで！

1日では無理だな。
……。
ズコ

実際、数年前にボートの故障で遭難した夫婦が携帯で救助要請をしたところ、救助まで2日もかかった事例があるんだ。
だからショッピングに行こうと言ったのに～！あんたがここに来たいと言ったせいだからね！
ダイエットにはなったかも。
文句ばかり言わないで手伝ったらどうだ。

携帯が繋がっていたのに2日だったら、僕らは……。
それでもヒマラヤよりはマシだろう？

ちゃんと
固定したから
流される心配は
しなくてよし。
ジャブ
ジャブ

どうだ？
あっという間に
終わっただろ？
……。
バッ

何だ？
その顔は？
ハイハイ、
分かったよ。

コラ！
簡単じゃないんだぞ。
ワニや毒ヘビが蠢く湿地に
飛び込めるのは
俺様くらいだ！
自慢し過ぎ
だよ。
お疲れ様。

ところで、脚は
大丈夫？
ハ？

脚が
どうした？

ヌアへ
ヒルは本当にイヤ！
チョット、取ってよ！
ピョコ
ピョコ
アアッ！
ツルーン
ドボーン
ヒッ
キャッ
ザクッ
よいしょ
クウッ、息ができない！
ブク
ブク

空に伸びたヌマスギの膝根

©Shutterstock

ヌマスギの膝根　水面外に出ている膝根は酸素と栄養分を吸収するのに重要な役割をする。

ヌマスギはラクウショウ（落羽松）とも呼ばれ、ヒノキ科の針葉樹です。原産地はアフガニスタンやイランを始めとする西南アジアと地中海で、暖かく乾燥した場所でよく育ちます。ヌマスギは膝根（knee root）と呼ばれる、水面の上に突き出た独特な根を持っています。一般的に沼で育つヌマスギから見られますが、科学者たちはこの膝根が柔らかく滑る泥の中でも木をしっかりと支え、酸素の供給を手伝う役割をしていると考えています。また、水の供給が十分じゃなかったり栄養分の貯蔵が難しい場合、根を外部に出して呼吸することが知られています。ほとんどの膝根は幹の周りででき、最も大きいもので２ｍのものが発見されています。

©Shutterstock

エバーグレーズのヌマスギ　エバーグレーズには様々な樹木が自生しているが、中でもビッグサイプレス国立保護区の３分の１の面積をヌマスギの森が占めている。

5章
眠らない湿地

眠らなかったらウサギの目になっちゃった。
俺も……。

水2本。携帯ナイフ、懐中電灯、乾電池、ガム2つ、ハンカチ、Tシャツ2枚。
SPEARMINT
SPEARMINT

そして、これは顔用の虫除けネット。
食料はビーフジャーキー2袋しかないんだ。
ウム。

最後に、ホイッスル！
ピー
ホイッスルも要るの？

マイアミはマフィアで有名なとこでしょう？
美人は狙われちゃうから。
MAFIA
映画の見過ぎだよ。
自意識過剰だよ。

＊有機物：生物体を構成・組織する、炭素を主な成分とする物質。

バカにしてるの？
指くわえて、
ジッとしてるワケには
いかないでしょ？
バッ
タッ
わ、
分かったよ！

いいアイデア
って？
おい、大丈夫か？
頭がボーッと
してきたワケじゃ
ないよな？
これ、
いくつか
分かる？

ヒュ〜、
臭いな。
足はぬかるみに
はまっちゃうし、
枝が邪魔で
歩きづらいよ。
グサッ

ポチャン
ウワッ！

バッ
ペッ、ペッ。
もう、イヤン
なっちゃう！
ハア。

よそ見ばっか
するからだろ？　何で
いつもひとりで
転ぶんだよ！
パッパッ
もう、甥が怪我を
したかも知れないのに、
説教ばっかり
なんだから。

よし。
あの木が
良さそうだ。

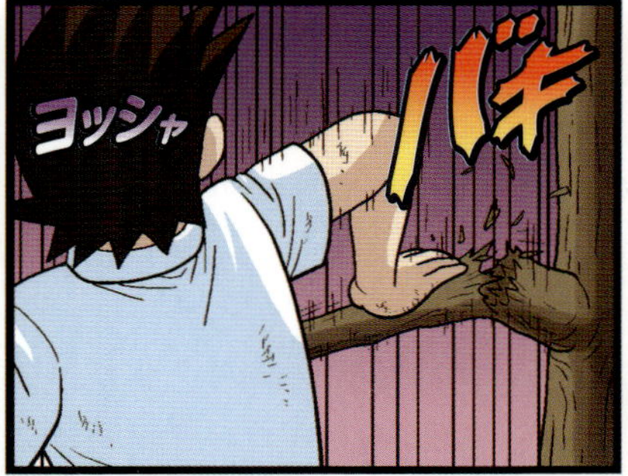
ヨッシャ
バキ

ヌッ

バッ
バッ
何してるの？

杖にするんだよ。
シャ
シャ
シャ
湿地で杖があれば歩く時、役に立つし、ワニを退治する武器にもなる必需品なんだ。
ワ〜、器用だね。

シャ
シャ

そっちの方が良さそうだけど、取り替えちゃダメ？
同じだよ。

火口に使うものと、薪に使うものの両方を集めるぞ。
分かった。
グイグイ
シュルシュル

面白い形をしてるな。これは何？
サルオガセモドキだよ。
英語ではSpanish moss（スペインのコケ）と言って、藻のようなものが吊り下がっているだろう？　葉と茎、根っこの区別はないんだ。

気をつけろ。
ビローン
乾いているのは火口に持って来いだね。

何すんだ！
早く言ってよ！
ポイッ

サルオガセモドキの中にはダニがモジャモジャといることが多い。
エエッ？

泥がだいぶ乾いたから、
そろそろ焚き火の準備を
しましょう。

私が火を起こすから、
あなたは火口で
火を点けてね。

僕のことは
心配しないで、
火を起こしてみなよ。
本当にできるの？

乾電池とガムの
包み紙を利用して
火を起こすよ。
え、
乾電池？

理屈は簡単よ。
ガムの銀紙は
アルミニウムだから、
電気を通す導体なの。
導体
不導体

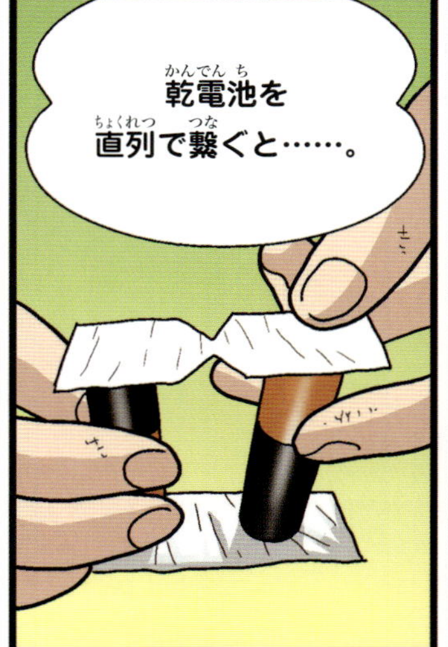

＊実験をする場合、非常に熱いので、必ず手袋をはめて、大人と一緒に実験しましょう。

チリリリリ
キーキー
カッカッカッカッ
キッキッキッキッ
ガバッ
ウヒャ、うるさいな！全然眠れないよ。
何で昼間よりも夜の方がうるさいんだ？
あんたの方がうるさいわよ！
キッキッキッキッ
チリリリリ
湿地は夜行性動物たちが夜に活動するから、昼よりもうるさいんだ。

あ、言い忘れてた。塹壕足にならないように、靴を脱いで足を乾かして寝てね。
ウウッ、臭い。
塹壕足って何？

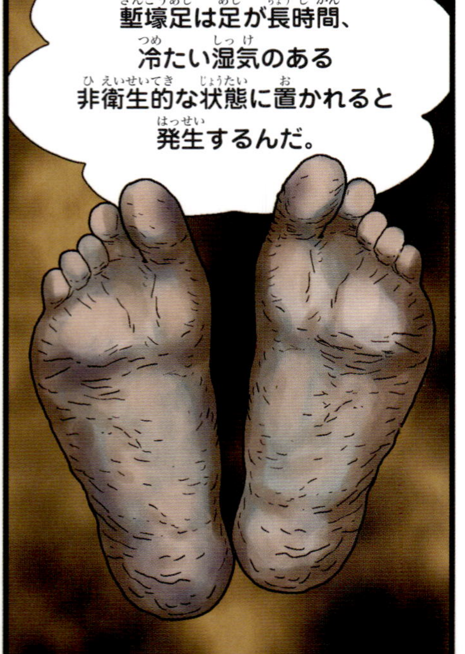
塹壕足は足が長時間、冷たい湿気のある非衛生的な状態に置かれると発生するんだ。

＊塹壕：戦争で兵士が身を守る穴や溝

生活道具を利用した火の起こし方

突然遭難にあった時のサバイバルのために何より重要なのが火と水です。特に火は食糧の摂取にも、体温の維持にも、そして危険な野生動物を退治するためにも絶対に必要です。ライターやマッチのような道具がない場合、代替道具を使って火を起こせます。

❶ ガムの包み紙で火を起こす

用意するもの：乾電池２つ、ガムの包み紙（銀紙）

❶ ガムの包み紙の一部を切る。

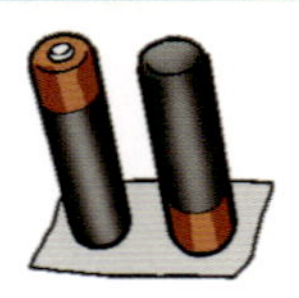

❷ 切っておいたもう１枚のガムの包み紙に乾電池を付ける。

❸ 乾電池２つを＋極と－極が反対になるようにガムの包み紙の上に置く。

❹ 火が起きたら紙や木の枝などに移す。

❷ ペットボトルで火を起こす

用意するもの：水の入った透明なペットボトル、銀紙

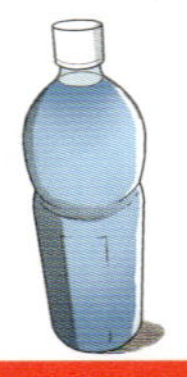

❶ ペットボトルに水をいっぱいにする。

❷ ペットボトルを傾けてボトルの上部に太陽の光を通す。

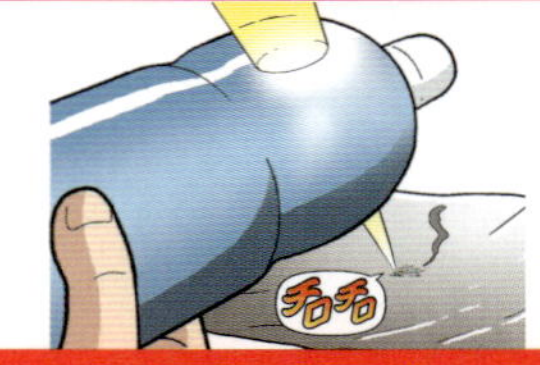

❸ 通過した太陽の光が銀紙に集まるよう調整する。

❹ 火を起こしたら木の枝などに移す。

塹壕足

塹壕足の症状　塹壕足にかかると、足が赤くなったり青くなったりを繰り返し、徐々に感覚がなくなる。最悪の場合、足が壊死し切断しなければならない。

　冷たくて湿気の多い場所で窮屈な靴を長時間履いていた時にかかりやすい病気の1つが塹壕足です。凍傷と違う点は気温が零下じゃなくてもかかるということです。塹壕足は第1次世界大戦に蔓延した疾病です。当時、ヨーロッパの西部戦線では各国の軍が塹壕を掘って長時間潜伏していましたが、雨が降ったり、地下水が上がって来て塹壕の内部は常に浸水状態でした。兵士たちは長時間、足が水に浸かった状態で過ごし、その結果、多くの兵士が足に潰瘍ができる病気を患いました。塹壕足は「塹壕から発生した足の疾患」という意味から由来した病名なのです。

　窮屈な靴を履いたまま水の中に長時間いると毛細血管が収縮し、皮膚が赤や青に色が変わります。そのまま放置すると感覚がなくなり、組織が壊死して悪臭が発生します。時には水泡や傷ができ、そこにバイ菌が入ると「ブルーリ潰瘍」になってしまいます。さらに、状態が悪化すると足を切断することすらあります。従って、足が濡れた時には乾いた布で足をよく拭き、靴下を履き替えたり、または太陽光で足を乾かすといいでしょう。

6章
来ない救助隊

ハア、ひと晩中騒音と蚊のせいで一睡もできなかったよ。
そう？私はけっこう眠れたよ。

救助隊の飛行機やボートの音がしないか、注意しないと。
アッ！

だから、前もって用意すれば良かったんじゃない？男はこんなもの要らないと言ったのは誰よ？
お前はひとり蚊帳があるからだろ？

手をこまねいて待つだけよりは、Tシャツでもかけておいた方がいいのかな？

非常事態発生！水がなくなっちゃった！
ルイが飲み干したの。
も、もう？大事に飲めと言っただろう？

だって、ジッとしてても汗ダラダラだもん、しょうがないだろう？
1滴もない。
叔父さん、ペットボトルに水を作ろう。

オッケー。ここの水には浮遊物が多いから、必ずこうやって服やタオルで濾さないといけないんだ。

その後、服を絞って水だけペットボトルに入れればいい。ペットボトルがあって良かった。
ユジン、沸かして浄化するよな？
チョロロロ

ええ、そうよ。ほとんどの有害なバイ菌やウイルスは５分以上沸騰させれば死ぬから。
へ～
ペットボトルが燃えないんだね。
グツグツ

ペットボトルの中の水のおかげでプラスチックが発火点以上には加熱されないから溶けないのさ。
そうなんだ。
本を読みなさい。

プラスチックなのにどうして？不思議だな。
沸騰させたら下水道の匂いがする。

キキキキ
ケッ
ルイ、寝てる？
ケッケッ
チルルル
寝てないよ！
仕方ないな。ふたりでビーフジャーキー食べよっか。
ガバッ
寝てるみたいね。
ほっといてよ。
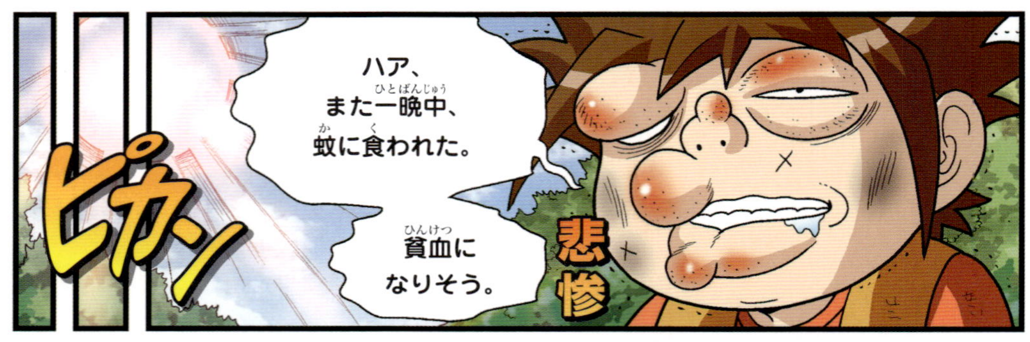
ハア、また一晩中、蚊に食われた。
貧血になりそう。
悲惨
ピカーン

子どもたちが疲れちゃってるな。まだ耐えてもらわないといけないんだが……。
スーッ
ああ、暑いよ～！お腹空いたよ～！

今日もダメだ！
飛行機もボートも、何も見えないし聞こえない。

ビーフジャーキーも残ってないし、これからどうしよう？
ハァ

ちょっと！確かに安かったけど、性能は悪くなかったぜ！
それに、壊したのはお前だろ？
もう、いい大人がそんなクヨクヨするなよ。
騙されたんだわ。

叔父さん、もしかしてボートがボロ過ぎて無くなっても気にしないんじゃない？

こうなったら、
飢え死にする前に自力で
脱出しよう。ボートのせいに
するのは止めよう。
同感！
チェッ、
2対1か。

でも、湿地帯は地形的に区別が
難しくて方向を失いやすいと
教えてくれたでしょう？
どうやって方向を
維持すればいいの？
ここは
どこ？

木の上から周りを
調べてみると
西の方に松林が
見えたから、
そっちに向かおう。

ハア、バカにバカと
言われた。水の流れは
1日に30mしかないから、
そんなんじゃ100年かかっても
脱出できないよ。
おじいちゃんに
なっちゃった。

バカだな！　川が北から
南へ流れているから、
物を浮かべて方向を
確認すればいいだろう？

簡単な方法を教えてあげよう。
カチ

まず、時計の短い針を太陽と一直線にする。

次は時計の12時の方向に仮想の線を引いて、

南
短い針と仮想の線の真ん中を通過する線が差している方向が南なんだ。

この方法を使えば、どこでも方向が分かるというワケ。
ワ〜
スゴい！

初めて叔父さんが賢く見えるよ。
全然褒められている気がしない！

これから長時間の移動になるから、注意事項を言う。よく聞きなさい。

1つ、水の中には枝や木の根などの障害物が多いから、走ったり急いだりして転ばないように。

2つ、水の色が暗いと、動物が隠れていても見えないから不安になる。

だから移動時に水面や木を叩いて音を出すと動物の方から逃げてくれる。
タッ
ボトン
最後に、特に気をつけなければいけないのが泡だ。

なぜなら「泡」は
2つの意味がある。
1つ目はワニ。ワニは最長で
約1時間も潜ることが
可能だそうだ。
泡？
もし泡を見かけたら、
すぐに木の上に
逃げるように。
早くおいで〜。
グルル

2つ目はガスだ。
水の中の堆積物が
腐敗して大量の
メタンガスが
出ることがある。

私は
このままボートに
残ってるね。
僕も。
おいおい、
早く来いよ！

チリリリリ
キキキキ
ザブーン
ザブーン
ザブーン

ハァ
ハァ

バッ

ハア、こんなに歩いたのも初めてだし、何だか怖いわ。
バシャ
バシャ
ズク

あとどれくらい歩けばいいの？
さあね。

それは分からない。

まだ始まったばかりだし、リラックスリラックス。
頑張ろう。

そうだ、
ホイッスルを
吹いてみなよ！
うん。

スッ

ピー

パタ
パタ
いいね！
たまに吹いてくれる？
ハイ。
ヨッシャ、
ファイト！

ヌママムシは口の中が白く綿に似ているというので英語では「Cottonmouth」と言うんだ。

長さが大体80～120cmだけど、最大1.9mにまでなったものもいるんだ。

自分だって逃げたくせに！
真っ先に逃げてたよ。
う、うるさい！ヌマママムシがいなくなったら教えて！

ユジンが見つけてくれたお陰で助かったよ、ありがとう！
ウ〜。

怖いわ。ワニに毒蛇まで……。

もう大丈夫だよ。
で、でも……。

あれ？ザリガニじゃない？
チョット、どこ行くんだ？
バシャ
バシャ
ポン

あ、あそこに泡が！

ルイ、早く逃げろ！
ギャ

!
ブク
ブク
イヤ〜、僕のおならだよ。
ポコ
ポコ
クルリ
ズルルル
ザブーン
お尻に力入れて！次は容赦しないからな！
ビシ
ビシ
はい。

ウイルスvsバクテリア

ウイルスとバクテリア（細菌）は両方とも人体に侵入し感染性疾患を引き起こす微生物であり、寄生するという点では似ていますが、実は全然違う種類です。では、ウイルスとバクテリアの違いはなんでしょう？

ウイルスの構造

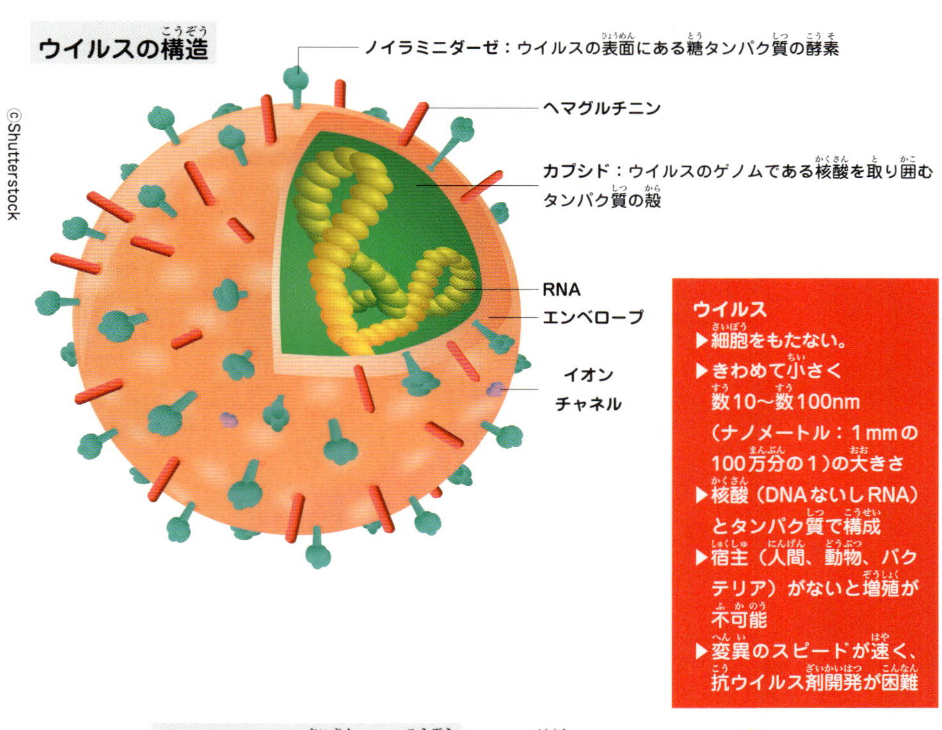

ウイルス
- ▶細胞をもたない。
- ▶きわめて小さく数10～数100nm（ナノメートル：1mmの100万分の1）の大きさ
- ▶核酸（DNAないしRNA）とタンパク質で構成
- ▶宿主（人間、動物、バクテリア）がないと増殖が不可能
- ▶変異のスピードが速く、抗ウイルス剤開発が困難

バクテリア（細菌）の構造

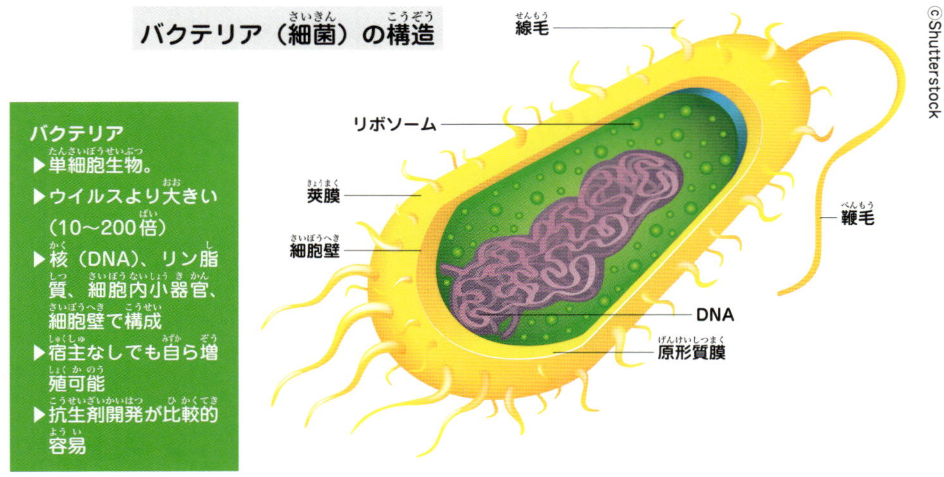

バクテリア
- ▶単細胞生物。
- ▶ウイルスより大きい（10～200倍）
- ▶核（DNA）、リン脂質、細胞内小器官、細胞壁で構成
- ▶宿主なしでも自ら増殖可能
- ▶抗生剤開発が比較的容易

7章 湧いてくるメタンガス

湿地に来て初めて、陸地のありがたみが分かったかも。お尻を付けて座れるって、どれだけありがたいか……。
フー
私も。

どこか、座れないかな？
さあ、水を飲んで。
ウン。

ウッ
く、臭い！

ゴクン

少しは慣れただろう？もう少し飲んでおきなさい。
また？

湿地の移動中は暑さと湿気、水面に反射した光のため汗をたくさん流すから、できれば1日3ℓ以上の水を飲んだほうがいい。
ほっといたら？この子はまだ苦労が足りないんだよ。
何ですって？

だって、自分だけ、この２日間、枝の先をビニール袋で包んで蒸散作用で出来たキレイな水を飲んだじゃない。

ピカーン
さ、西はこっちだ。
そう言えば、何で西に進むの？

西側に松林地帯があるからだ。松は陸でしか育たないからな。
アハ！そうなんだ。

これからは僕が先頭ね。
できるか？

水面の揺れや周辺の音をよく観察して。
分かってるってば！
ピョン
ウヒョ～、ビックリした！
ニャ～
大丈夫かな。
落ち着け！

ウッ
臭いがヒドいわ。
鼻では息が出来ないな。
ブクブク

この付近で急に臭いがヒドくなったと思ったら、ここから泡がいっぱい出てるわ。
……。
ブクブク

ここは湿地の中でも奥深い場所だから、落ち葉や水草など有機物がたくさん堆積した結果、メタンガスが大量に放出されたんだ。
落ち葉と水草？

見せてやろう。
スブスブ

人間パワーショベル！
バシャバシャ

これだ！ 泥の中に腐った有機物が見えるだろう？
ザバッ

泥をすくった場所から気泡がスゴく出てるよ！
ブクブク
ブクブク

パシッ
クンクン

ヌホー
鼻が～。
自業自得だ。
だから、何で鼻をくっ付けるワケ？
パッ

メタンガスは微生物の作用によって動植物が腐敗する過程で作られるものよ。
本当に臭い。鼻が取れそう。

地球上のメタンガスの約90％を生命体が作り出すから「バイオ（bio）ガス」とも言うのよ。
モー

＊反芻：1度胃に送った食物を再び口に戻して咀嚼すること。

温室効果ガスの主な原因として知られる二酸化炭素（CO_2）の年間排出量の約322億t（2013年）に比べたら少ない量だけど、
同じ濃度の場合、メタンガスは二酸化炭素の20倍以上の温室効果を持っていて、地球温暖化に大きな影響を及ぼすんだ。
減っていく北極の海洋氷河

叔父さん、僕にメタンガスを画期的に減らせるものスゴいアイデアがあるよ。
本当かい？何だ？

牛の代わりに豚を食べればいいんだよ！40倍は食べられないからさ！
バッ
バタン
クッ。

カー
カー

チャプ
チャプ

狭いから横にはなれないけれど。
パン
パン

湿地でこれなら立派なもんだ。靴は脱いで乾かそう。
うん。

ケッケッケッ
キーキー
チリリリリ

夜の動物の鳴き声は本当に恐ろしいね。
パチ
パチ

バシャン

ウン？
どうしたの？

ワ、ワニ？
川に何かがいる。ワニのような大きな動物かも知れない。
パッ
気泡とか波とか、見える？
チカッ
イヤ、何も見えない。
ハア、良かった。

ところで、お腹空かない？
プーン
お前はこんな状況でよくも……。
グーグー

プーン
だって、お腹が空いたんだもん。しつこい蚊だな！
バッ
バッ

もう、大袈裟だな。
何?

自分はマイ蚊帳があるからだろう？
ないよりマシだから、紙袋でも被ったら？

あのさ、お願いがあるんだけど……。
ビリビリ

1時間だけ蚊帳を貸してくれない？
紙は効果がないんだよ。
プーン
イヤだね！

昔ここにいた先住民は
ワニの油を塗って
蚊を避けたらしいよ。
たっぷり
付けよう。
塗り
塗り
そうなの？

明日日が
昇ったらワニを
捕まえよう！
食べられ
ないでね。

バシャン

今の何の音？
シッ！

バシャ
バシャ
ギク

すぐ近くから
聞こえるよ！
どこだ？
タッ

カチ

パッ
ブラン
ブラン
イヤだ～、
電気消してよ～、
恥ずかしい。
ウエッ
ボトン
バタン
食べても
ないのに何で
出るかな？
ちゃんと
拭いたか？
気持ち悪い。

地球温暖化の隠れた原因、メタンガス

度重なる異常気象にスーパー台風、集中豪雨や大雪の原因として挙げられるのが地球温暖化です。地球温暖化を引き起こすと言われる温室効果ガスは水蒸気、二酸化炭素、メタン、一酸化二窒素、フロン類などで構成されています。この中でメタンは二酸化炭素（約30％）より少ない比重（約６％）を占めていますが、二酸化炭素より20倍も強力な温室効果を引き起こします。

気体	元素記号	寄与度（％）
水蒸気	H_2O	60％＊
二酸化炭素	CO_2	30％
メタン	CH_4	６％
一酸化二窒素	N_2O	３％

＊水蒸気の寄与度は諸説あります。

このメタンガスは北極海の氷河の下で水と融合し氷になったメタンハイドレートの形で存在しています。もし地球温暖化により北極の氷河が溶けたらメタンハイドレートは気化し大気中に放出され、地球温暖化はより速いスピードで進むでしょう。それによる異常気象は全世界的に甚大な人的・物的資源の被害をもたらします。実際、2000年代中盤以降アメリカとロシアで発生した干ばつにより全世界は深刻な食糧危機を経験しているのです。

溶けてしまった氷河の間を渡るホッキョクグマの親子　地球温暖化により北極の氷河はどんどん溶けている。北極の氷河が溶けると北極海の下にあるメタンハイドレートが気化し、地球温暖化を加速という悪循環をもたらしている。

牛のおならが地球温暖化を引き起こす？

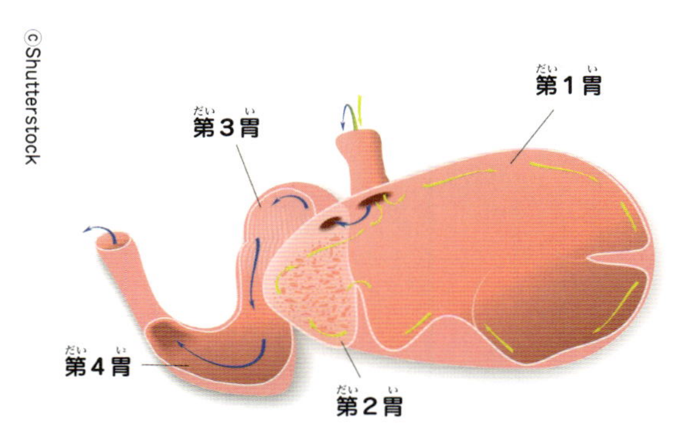

反芻胃　固い植物繊維を反芻をするため第１胃から第４胃の４つの胃に分かれている。

牛やヤギのように食べたものを戻して咀嚼する動物のことを「反芻動物」と言います。この動物たちは草や飼料作物を飲み込むと、胃や腸で消化する時に微生物が作用して炭素と水素が発生します。この時に発生した炭素と水素が結合するとメタンになります。メタンは反芻動物の消化器官を通して、おならとげっぷの形で排出されます。１頭の牛が１年間に出すメタンの量は、１台の自動車が１年に10,000km走って排出する温室効果ガスとほぼ同じだと言われます。「気候変動に関する政府間パネル」によると、牛１頭が排出するメタンガスの平均値は牛が60kg～120kgで、約13億頭と推定される全世界の牛の数をかけ合わせると１年に約7000万tに近いメタンガスが発生していることになります。このため、ヨーロッパとアメリカなどの穀物会社では牛のおならとげっぷ発生を抑える飼料開発に関する研究が活発に行われているそうです。

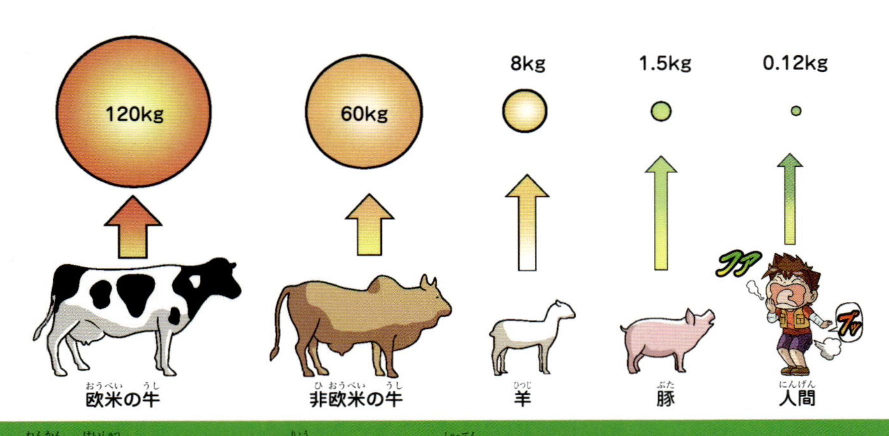

１年間に排出されるメタンガスの量。　出典：Nasa's Goddard Institute for Space Science

8章 台風の痕跡

クンクン
どこかから幼虫の臭いがするぞ？
食べる気じゃないよね？
な、何だ、ここは？
爆撃でもあったみたい。

そうだね。風の爆弾を受けたんだ。

分かった！ハリケーンのせいね。
さすがユジン。名前も分かる？

何だっけ？「カ」で始まる名前……。
カ？

カトリーナは2005年8月23日フロリダ州の東、約280kmの海上で発生した熱帯低気圧から始まったハリケーンで、アメリカ史上最悪のハリケーンのひとつなんだ。

台風の最大風速が秒速67mを超えるとスーパー台風と呼ばれるけど、カトリーナは最大風速78mを記録したんだ。

67m突破！秒速78m！

67M

フウウウ

50M

カトリーナ

スーパー台風

SUPER

つ、強い！

そうなの。その証拠に2000年以降スーパー台風が急増しているわ。アジアではハイエンが有名よ。

ハリケーン・カトリーナ
2005年8月発生

台風ハイエン（台風30号）
2013年11月発生

カトリーナがここを通った時、もしもエバグレーズ湿地がなかったならフロリダ州も莫大な被害を被ったかもな。

お前らも2004年にスマトラ島沖地震で、インドネシアのアチェ州などを襲って22万人の命を奪った超大型の津波を覚えてるだろう？

後で被害地域を詳しく調査したところ、1 haあたりマングローブが約2500本あれば津波の高さが最大で73％も減少することが分かったんだ。
みんな、踏ん張れ！
ゴゴゴ

じゃあ、湿地が自然災難予防の役割をしてくれるから、よく保存しなきゃ。
そうそう。

それより、運が良かったらここで何か食べるものを見つけられるかも。
本当？

こういう倒れた木には昆虫の幼虫がいることが多い。
パッ

ザクッ

カッ
カッ
カッ
僕もやる！

ワハハハ
ガン
ガン
ガン
湿地を保護するんじゃなかったの？
おい、気をつけろよ！
モゾ
モゾ
見つけた！
ハッ
ハッ

ワッ。
コラ！

これを餌に
釣りをするんだよ。

バシャ
ビク
バシャ
バシャ
シャー
ま、
まさか？
ワニかも知れない！
木に登ろう！
ハイ！
ガー
バシャ
バシャ
！

スゴい！
蛇とワニが
戦ってる！
ガー
バシャ
バシャ
ビルマニシキ
ヘビ？
違う、
ビルマニシキ
ヘビがワニを
襲ったんだ！

ということは、
ビルマ（ミャンマー）から
泳いで来たの？
ゴン

んなワケない
でしょう？
だ、
だよね。

ビルマニシキヘビは東南アジアに生息する
世界で最大級のヘビの一種だ。成長が速く１年に
２m以上成長することもあるし、４年で
成体になる。脊椎が多くて一生成長し
続けるんだけど、最大で８m、
90kgにまでなるんだ。

蛇の上顎は頭蓋骨に筋肉とじん帯、血管で繋がっていて、
上下左右どの方向にも動かせる。それに下顎とは正方形の
骨で繋がっているんだけど、骨が固定されていないから
上下の顎を150°まで開けられるんだ。

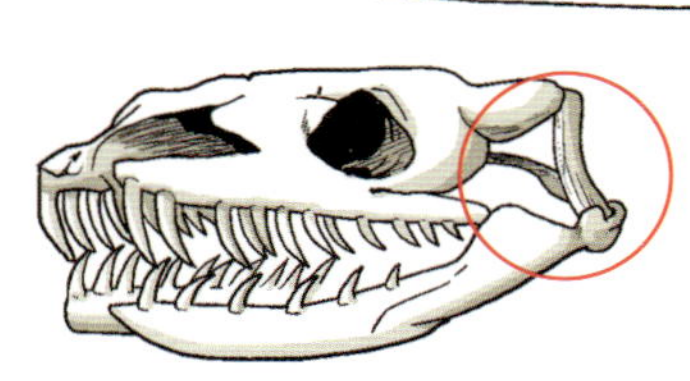

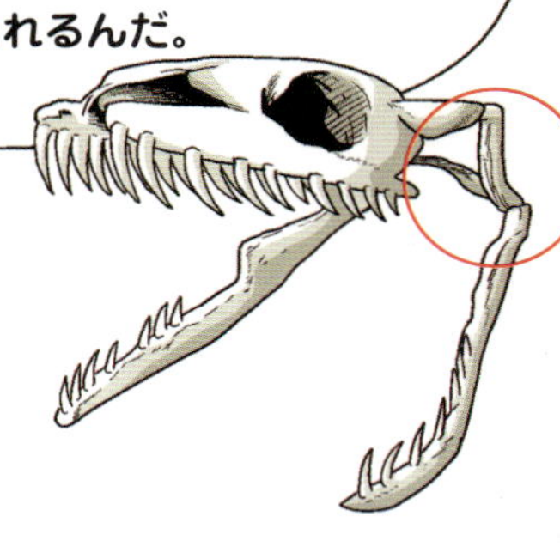

グルルル
ザブーン
バクッ
ワニとビルマニシキヘビの戦いは、長い時は何時間もかかるけど、飲み込むには数10分で十分なんだ。
カー

まあな。
あんたはお腹が満たされれば、それでいいの？ 呆れるわ。

ああ、アイツが羨ましい。
モグ
モグ

みんな、楽しみにしてろ。これで大物を釣ってやるから。

確か、狩りに
自信があると言って
なかった？

だから、
レンジャーにも
負けないと何回も
言っただろう？
信じられないな。

だったら
証明してみてよ。
アイツを捕まえて！
お腹いっぱいで
逃げられないん
じゃない？
ガーン
ボチャ
イヤ！
結婚もして
ないのに蛇に
食べられるのは！
泣くことは
ないでしょう？
俺っちのこと？

地球最大の蛇、ビルマニシキヘビ

ⒸShutterstock

ビルマニシキヘビを攻撃するワニ

ビルマニシキヘビはインドニシキヘビの中で最も大きく、全世界でも一番大きい蛇の一種です。体長が最大8m、体重が最大90kgにまで大きくなりますが、脊椎が多く一生をかけて成長し続けると言います。主に水辺や水中で生活し、30分以上潜ることもできます。昼間は体温調整のため日向ぼっこをして過ごします。餌は鳥や哺乳類を食べ、狩りは体で相手を締めて窒息させて殺します。性格は大人しく、ペットとしても飼われていますが、締める力が強力なので体に巻き付かれないように気をつけなければいけません。

ⒸShutterstock

ビルマニシキヘビ
分類：爬虫類　蛇目　ニシキヘビ科
生息地：水辺、半水生環境、木の上、草原、雑木林、湿地、岩間、山林、川辺、ジャングル
分布地：東南アジア、北米

世界最大級の蛇の一種、ビルマニシキヘビ。

湿地の災害予防

湿地は地球で最も重要な生態系の１つで、上流から水と下水を受け入れ、水を適切に保管し洪水や干ばつから地球を守る役割を担っています。また、汚染水を浄化し地下水を保存、炭素を貯蔵して気候の急激な変化を防ぐ大事な役割も担当しています。

台風防止
沿岸に位置した湿地は強風と津波の危険性を減らし、海や陸から流れ込む泥や土、栄養分などを受け止める役割をする。

洪水調整
湿地の土砂と湿地植物は水を貯蔵する機能があり、下流に水が流れるスピードを遅らせることができる。湿地が水を蓄えるダムのような役割を果たしている。

気候調整
湿地は地球に存在する約30％以上の炭素を貯蔵している。特に泥炭地（石炭の１種の泥炭が積まれた場所）の湿地は重要な炭素の吸収地かつ貯蔵所である。湿地は炭素の流入を遮断し二酸化炭素の濃度を適正水準に調整する。こうした機能により湿地は地球温暖化の速度を緩めているのである。

水質浄化
湿地はリンと窒素などの栄養素を処理する。特にエバグレーズのビックサイプレス国立保護区は窒素やリンなどを地下水に入る前に除去してくれる。

広大なマングローブ林

9章 ススキ地獄

ウワアア、ノコギリだ！
やっと終わった！忌々しいサイプレス湿地帯が！
今回は本当に信じていい？
また終わったと思ったら出て来たりしない？
そうなって欲しいのか！
何回もやられてるから……。

どうだ？
本当だろう？
幾度となく時計で方角を確認した、俺のおかげだろ？
あ……、うん。
自慢ばっかり。
あそこに見える松林が陸だ。
ウヒョ～、陸だ陸！
バシャ
待って～！
バシャ
！

キャー、
可愛い顔に
致命傷ができる
とこだったわ！
叔父さん、
ありがとう。

フフッ、俺がこのススキ地帯を
無傷で通る秘法をみせて
あげよう。

まず、各自が
手に持った杖を
横方向にして、

ゆっくり押しながら
歩けばいいんだ。
うん、ナイス
アイデア！
どうせ
受け売り
だろう？

コラッ、
聞こえてるぞ！

リスペクトが
足りないん
だから。
クッ

ウワアァァ
お……俺の眼が〜。
ジタ
バタ
顔は
上げない方が
良さそうね。
周り道は
ないのかな。

そうなんだ。湿地はまさにヘビにとっては天国だね。だからできるだけ静かに、かつ迅速に通らないといけない。

暑過ぎる時は頭に水を被ると、だいぶ良くなると思うよ。
へ～、そうなの？
プハッ プハッ
お前は何でも極端なんだよ！

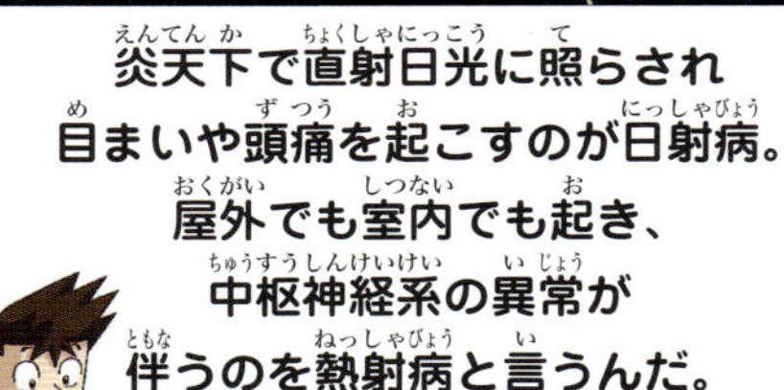

炎天下で直射日光に照らされ目まいや頭痛を起こすのが日射病。
屋外でも室内でも起き、中枢神経系の異常が伴うのを熱射病と言うんだ。

熱中症の発症から２時間以上放置されると、致死率が70％になるんだ。

ジャングルは暑いな。
夏バテかな？つらいな。
VS
ここは学校だよ！
日射病
熱射病

どっちも熱中症というのは同じだが。
日射病と熱射病は何が違うの？　同じかな？

とにかく、早くここを出よう！出発！

せっかく説明してあげたのに。
何だかよく分からない。
どっちも熱中症でいいんじゃない？

あわてないでゆっくり……。
ガチ
ウワ
ドボン

ざまあ見ろ！
プハハハ
どっちが子どもなんだか。

たまに杖で地面を叩いて水たまりがないか確認するんだよ。
先頭が誰にでも務まると思ったら大間違いだ！
笑い過ぎだよ、もう。

素人は退がりな、ほら！
……。

おかしいな。ここかな？
クル
こっちのような気もするけど……。
クル

プロだったんじゃないの？
目が回りそう。

正直に言おう。道に迷った。
エエエ？

肩車をするから
ユジンが道を
探してくれる？
ハイ。

ピピピピ
僕がやるよ！
僕のレーダーは
スゴいん
だから！
べ～。
お前はおならを
する危険性が
あるからダメだ。

ピョコ

方向が間違ってたわ。
後ろを向いて
直進よ。
そうか。
危なかったな。

出られた！
ハッ
ハッ
重い。

地面だよ！
地面！
ハァハァ
お疲れ様。

飛び回ってるな。
まあ、無理もないか。

タッ

着地！

これこれ！
土の香ばしい匂い。
クン
クン

ウン？
何の音だろう？
シャー
シャー

シャー
！

日射病vs熱射病

直射日光と暑い環境は体を疲れさせ、日射病や熱射病を引き起こすことがあります。実際毎年、熱中症関連疾患の死亡者数が自然災害による死亡者数を上回っています。熱射病と日射病は名前が似ていますが、高温下で起こるこうした障害を総称して「熱中症」と言います。

日射病　日射病は暑くなった大気と太陽により体温が急激に上昇したにもかかわらず、体内で調整がきかなくなり発病します。一般的に日射病にかかると頭痛、疲労感、無気力な症状が現れ、ひどい時は低血圧、失神、激しい筋肉痛になります。

日射病の治療　日射病は水分と塩分の不足により発生することが多いので、規則的に水分を摂取すれば予防できます。症状が現れた際は涼しい場所で休息を取り、水分を十分に摂取すれば良くなります。重症の場合は病院へ運んでください。

熱射病　熱射病も日射病と同様、暑い日に発病し、湿度が高い時や屋内でも起こるのが特徴です。熱射病の症状は日射病と似ていますが、ずっと重症で高熱と共に意識障害が出るのが主な症状です。また熱が急激に上がり、顔面が蒼白になり脱水症状を見せることもあります。症状がひどい場合は死に至ることもあるので、救急車を呼ぶ必要があります。

熱射病の治療　熱射病はできるだけ患者の体温を下げることが大事です。救急車が来るまで、まず患者の衣服を脱がせて全身を冷たい水や氷、アルコールなどで拭いてマッサージし、扇風機やエアコンに当ててあげた方がいいでしょう。

熱射病患者の応急処置

▶最初に患者を横にさせる。
▶首と腹部、ワキに冷たい氷や濡れたタオルを当てる。
▶扇風機やエアコンなどをつけて気温を下げる。
▶足を高くする。
▶水分を飲ませる。
　ただし、意識がない時は水を飲ませない。

10章 恐怖のガラガラ

怖くないの？
ガラガラガラガラガラガラ
タンバリンみたい～。

ま……、まさか毒蛇？

ガラガラ
こ、この音は?!
ガラガラ
シャー
心臓がバクバクするよ～。

いくら地面が
嬉しいからって、
いつまでいる
つもり？
ほっといて
先に行きましょう。
スッ

ガラガラ
スススス
ウッ、
ガラガラヘビ！

ルイを
攻撃しようとしてる。
どうしよう？

に、
逃げなくちゃ。

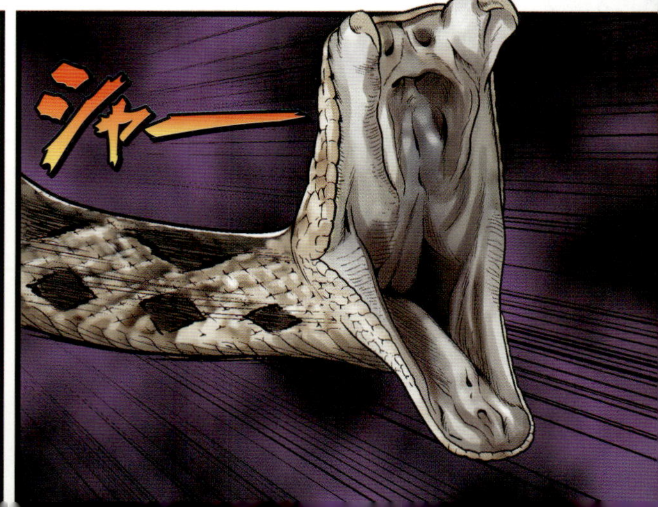
シャー

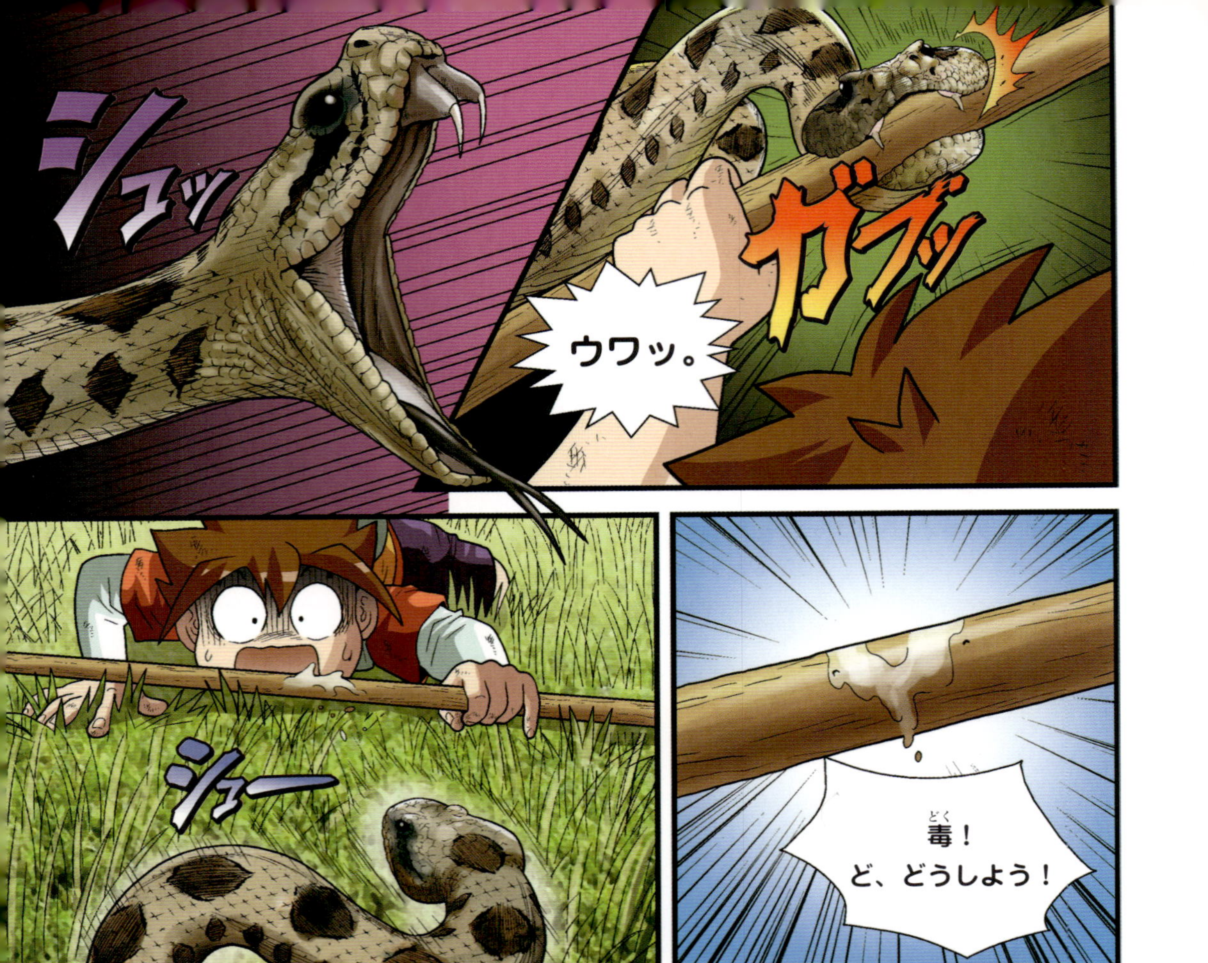
ガブッ
ウワッ。
シュコッ
毒！
ど、どうしよう！
シュー

ルイ！
ジッとして動くな！
ガラガラヘビの
目を見ろ！

シュー
助けて～。

ツッツッツッ

ガラ
ガラガラ
ガラ
2mくらいか。ガラガラヘビは体長の3分の1の距離まで正確に攻撃できるから……。
あれ？姿勢が変わった？
シュー
まさか、逃げるのか？
タッ
ルイ、杖をゆっくり下ろせ。
ススス
良かった、ゆっくり後ろに下がれ。
ササッ
ササッ
ア～、死ぬかと思った！

ガラガラヘビの尻尾の成長過程

＊卵胎生：メス親が卵を胎内で孵化して産む繁殖形態。胎盤ではなく卵黄を栄養として発育する。

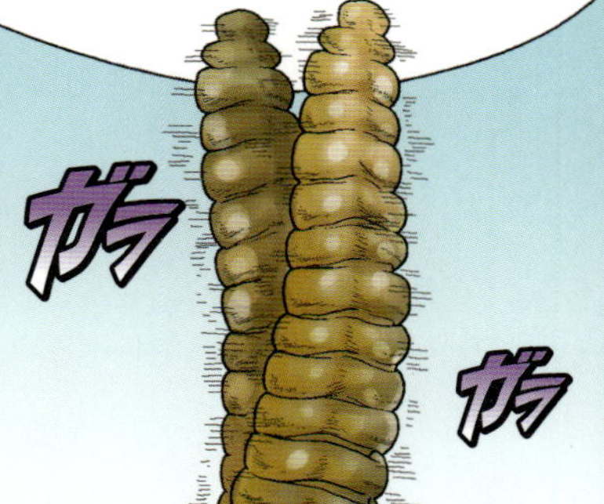
ガラガラヘビは１秒に約50回ほど尻尾を振って、ゆるく繋がっている節同士がぶつかって音を出しているんだ。音の高さと大きさは種と個体によって違う。
ガラ
ガラ

面白いのは、ガラガラヘビには外耳も鼓膜もないから200～500Hzの音しか聞こえないんだって。だから5000～8000Hzの自分の尻尾の音は聞こえないんだよ。
ガラガラ
うるさい！
え？
何が？

自分では聞こえないのに音を出すなんて、不思議ね。
ガラガラの音は近寄るなと威嚇する一種の警告音で、最大20m先まで聞こえるんだ。

聞いた？あなたがふざけなかったら何事もなかったはずよ！
死ぬかと思ったのに、冷たいな。

マアマア、無事で何より。これからみんな気をつけよう。
ハイ。
了解。

叔父さん、幼虫で釣りしよう！
何言ってるの？寝床の用意が先でしょう？
うるさい！仲良くしろ。

ここの松の木は
背も高くてスラッと
してるな。誰かさんとは
違って。
思ったよりも
広いな。
フン。
自分の方が
背も低いくせに。

周辺に何があるか、
回ってみよう。
木の枝とかも拾いたいし。
ここは乾いた
土地だから危険な
動物はいないよね？

それは分からないな。
ここはフロリダ
クロクマもいるからな。
それにナイル
オオトカゲも。
オオトカゲ？
珍しいフロリダ
パンサーまで！
アメリカに
ヒョウ？

まあ、こんなに広いエバーグレーズでそんな簡単に会うとは思えないから。それに大抵は向こうが避けるんじゃない？
そ、そうよね。
根拠がない。

イヤイヤ、ここは本当に広くて餌も豊富だから。
周りをよく見ながら付いて来なさい。
それはそうか。

完成！

周りに何もなくてちょっとガッカリしたけど、小屋が出来たらだいぶ良くなったわ。

そうだね。ここで何か食べ物を手に入れて体力を付けてから対策を考えよう。
ハイ。

叔父さん、さっきのとこに戻って何か釣ろうよ。お腹空いて倒れそう。
フフッ！心配するな。
俺が安全ピンで釣り針を作って大物を釣ってやるよ。
スッ
安全ピンで？

簡単さ。ピンを釣り針のように曲げて糸を繋げば完成だ。
幼虫をエサにすれば魚たちが群がるハズ！
俺に付いて来い！
今回は何だか頼もしいな。
そ、そう？

いい場所は
どこかな？
早く
早く！

僕にも
やらせて
くれるよね？

ズブッ

あれ？
どうした？
ぬ…、沼だ！

世界最大のガラガラヘビ、ヒガシダイヤガラガラヘビ

ニシダイヤガラガラヘビの発音器官　ケラチンで構成された空洞の節で繋がれていて、これらを摩擦させ音を出すため「ガラガラヘビ」という名前が付いた。

ヒガシダイヤガラガラヘビは体長が1.8〜2.4mで南北アメリカ約30種のガラガラヘビの中で最大です。「ガラガラヘビ」という名前は尻尾の先で音を響かせることに由来しています。この発音器官は多数のケラチン（タンパク質の1つで皮膚、毛髪、爪など細胞骨格を構成する）の節で出来ていて、中が空洞のためガラガラヘビが少し動いただけで摩擦音が響きます。全てのガラガラヘビは毒牙を持っており、そのほとんどが卵胎生（受精卵がメスの体外ではなく、体内で孵化して産まれる）で、1度に10〜20匹ほど子どもが産まれます。ヒガシダイヤガラガラヘビはアメリカの東部一帯に分布し、背中に黒いダイヤの模様が並ぶのが特徴です。類似の種にアメリカ南西部に生息するニシダイヤガラガラヘビがあります。

ヒガシダイヤガラガラヘビ
分類：爬虫類　クサリヘビ科
生息地：乾燥した森林、砂漠、湿地
分布：北アメリカ

エバーグレーズの両生類と爬虫類

エバーグレーズ国立公園には約26種類のヘビをはじめ、約60種類の両生類と爬虫類が生息しています。

©Shutterstock

トウブインディゴスネーク
濃い藍色で毒は持っていない。体長が最大2.8mで、アメリカに生息する在来種のヘビの中では最大。主に、フロリダ北部とジョージア南部の砂丘で生息している。

©Shutterstock

アカウミガメ
全体的に赤みを帯びていて全世界に広く分布している。甲羅の長さは70cm～1mくらい。産卵を除いて陸に上がることはほとんどない。絶滅危惧種。

©Shutterstock

ファイブラインスキンク
小ぶりですらっとしていて、キラキラする肌を持ったトカゲで、全身を貫通する縞模様が特徴的。子どもの頃は尻尾が青いが、成長するとピンク色に変わる。

©U.S. Fish and Wildlife Service

アンダーソンアマガエル
体長約25mm～76mmでアマガエルの中で最も小さい種の1つ。体全体が緑色で、両側に太い黒線が見える。苔が生い茂ったところで生息している。

©Shutterstock

ケンプヒメウミガメ
絶滅の危機にある種の1つで、ウミガメの中では小さい方。体長55～75cm、平均体重は45kgである。寿命は50年程度。

©Shutterstock

フロリダキングヘビ
子どもの時は淡い色だが、成長するに従って体にくっきりと網模様が現れる。フロリダ全域に生息し、毒のないヘビはもちろん、毒ヘビまでも食べることで有名だ。

11章
沼からの脱出

ヘビでも
ワニでも
かかって来い！
真っ先に
逃げ出す
クセに……。

ルイ、
私が行くから
杖を伸ばして！

来るな！　ユジンまで
危なくなるぞ！
どうすれば
いいの？

ロープ！
ロープを持って
来て！

ハイ。
急ぐね！
タタタタ

ヨイショッ！
パッ

ウワッ！

あ……、脚が引きずり込まれた！
ズブ
もがけばもがくほど沈んで行くぞ！
落ち着け！

こんな状況で落ち着けると思う？
死にたくなかったら、よく聞きなさい！

沼は水が多く含まれた半固体の状態だ。つまり土に比べてユルく、中に空間があるんだ。

だから、ある程度浮力が作用するのだけど、人間の体重による重力が浮力より大きいと沈むから、もがけばもがくほど引きずり込まれることになる。
助けて！
重力
引き込まれる！
浮力

そうか、だから僕の方が叔父さんより軽いのに深く入っちゃったんだ。

浮力と重力？待てよ。

そうだ！こうすればいいんだ！

叔父さん、こうやってみて。
クルッ
！
何をする気だ？
結局、浮力がカギでしょう？

こうやって上半身全体を沼にくっ付ければ浮力が大きくなるから。
タッ

そうか！　両足に集中していた体重が上半身になると、結局単位面積当たりの重さが減って浮力が大きくなるのか。

オオ！ルイ、頭の回転が早いな！
ク～。

動いた！

やはり、体が小さくて軽い方が有利か。

ぬ、抜けた！
パッ
クッ。

ヨッシャ！浮いた浮いた！
ルイ、よくやった！匍匐前進で体をできるだけ低く密着して移動して。

シュポ

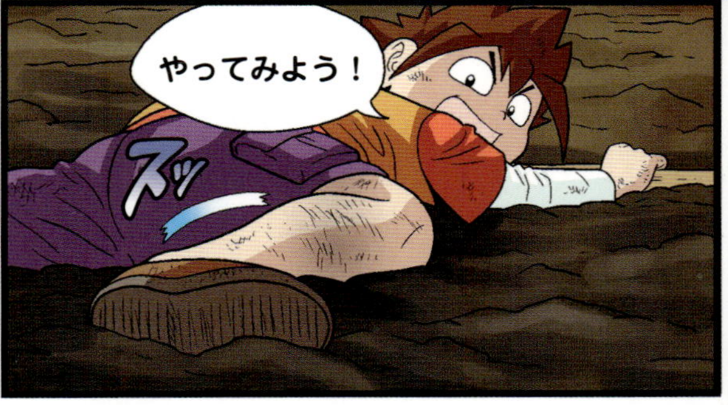
やってみよう！
スッ

オッケー！
沈んでないよ！
気を抜かずに、ゆっくり！

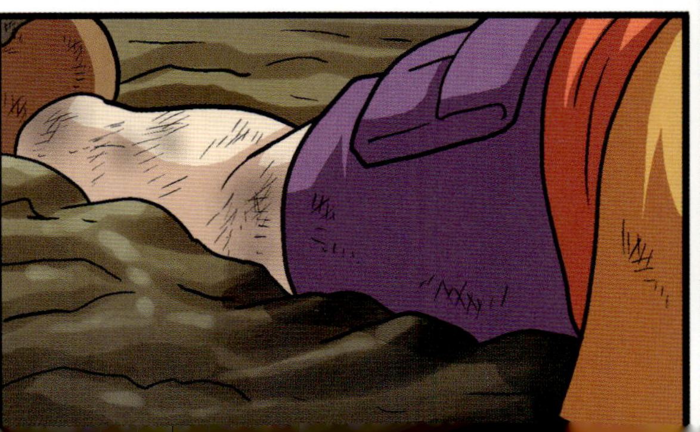

スッ
スッ
あと少し。
バッ
タッ
よし！

できた。
さすが、
素早いな。

自力脱出大成功！
ヨッシャ！

タタタ

あら？
どうやって
出たの？

ユジン、
ロープを
木に結んで！

もともと
ピンチに強い
男だろ？

こっち
持ってて。

早く！
急いで！
わ、
分かった！

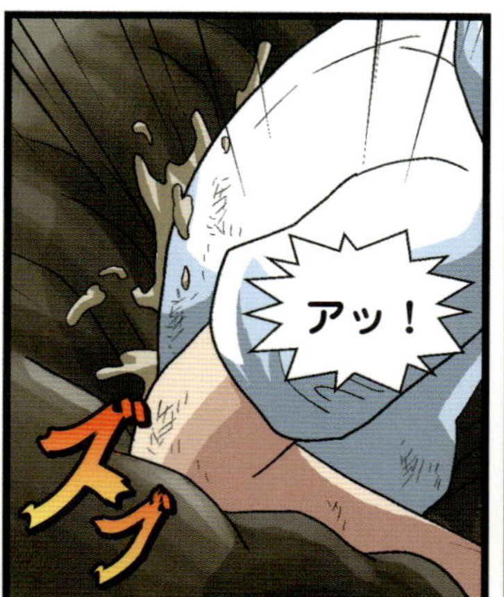
アッ！
ズブ

ギュッ

それじゃ、
投げるよ！

ギュッ

カウボーイごっこは止めて！ふざけてないで、早く！
行くよ！
ビュ

ビシッ
グエッ

ウウ〜ッ、痛い！
……。
ごめんごめん、もう１回。
スリスリ

お前！ 俺を殺す気か?!

ちゃんと投げろ！
任せとけってば！
タッ
え？

ギュー
グボッ
お……、叔父さん、大丈夫？
気絶したみたいよ。
ウウッ、死ぬかと思った。
スッ
引っ張って。
ユジン、引っ張るぞ。
ヨイショ！
ヨイショ！

ヒ～ン、危なかった～。
ハァ
ハァ
ともあれ、君たちのおかげで助かったよ。ありがとう。
まだ痛いけど。
早く水辺に行こう。体も流して魚も捕まえようよ。
もうちょっと休ませて～。

サラ
サラ

捕ったどー！
本当？
ザブーン

ザリガニだ！

チョキン
グエッ！
ポイ
ピト
ヌオォォオォオ！
バチン
ギュッ
お前には
絶対にあげない
からな！
チェ。

沼はどうやって作られたか？

沼は湿原とも言い、一般的には水深が浅く水はけの悪い場所を指します。どんな植物があるかによって寒帯地域の湿原（苔類）、フェン（大型のイネ科の植物、アシ類など）、ボッグ（小型のスゲ類）などに分けることができます。沼は新生代の第４紀、氷河があった時代にたくさん成立しました。氷河が岩石を削りながら進み、窪んだ大地をつくり、そこに大地の沈殿物が蓄積し氷河が溶けると一種の池になりました。無機塩類の濃度が落ちると池にはミズゴケが育ち、池がミズゴケでいっぱいになると沼、つまり湿原になります。もし無機塩類の濃度が高い場合はイネ科植物とアシ類でできたフェンになることもあります。

水で植物が育つと、植物組織の中の空気で植物が水面上に浮かび、それにより影が出来て影の下にある植物は死んでしまいます。死んだ植物が腐敗して池の底に沈み、徐々に溜っていきます。１度沼になると水が流れず、沼の底にある岩石と沈殿物、浮遊物も抜けません。もし水温が低く降水量が蒸発量より多いなら、沼は維持されます。

エバーグレーズの沼地　沼は表面が不安定でゆっくりと動き、重いものは下に沈む。植物が多い上に沈殿物でいっぱいのため、沼に１度はまるとなかなか抜け出せない。

12章 道路発見

ムヒョ～
ヘビだ！
ワニだ！
一緒には
寝られないよ。

2日後

ハア、
香ばしい匂い！
ジュウ
ジュウ

し・あ・
わ・せ！
ザリガニに
飽きたら
焼き魚よね。
クン
クン

あなたに
ピッタリの
生活だわね。
ここに
引っ越して
来たら？
ノンノン
分かって
ないな。

何でも食べて
元気つけないと脱出
出来ないだろう？

食べないなら
食べてあげようか？
……。

それはルイの
言う通りだ。

昨日今日と
煙でサインを送ったけど
効果がないから。
救助隊をあきらめて
自力で脱出しないと。
そうそう！

よこしなさい。
バッ

イヤがる子に
あげる必要ないん
じゃない？
モグ

ウヒャ～、
ほっぺが落ちそう！
塩があれば言うこと
なしだけど……。
ムシャ
ムシャ

明日は１番高い木に登って脱出方向を見つけるから、
任せといて！
２日間、体力はある程度回復したし、１日分の食糧も確保したから明日の朝早く出発しよう。

ああは言ってるけど……。ルイはいつも前向き。
羨ましいわ。

首が締まって死ぬとこだったんだぞ！
何の話？

チョット、命の恩人にそれはないんじゃない？
落ちても知らないぞ！
パクッ

ヒュ～、やっぱり怖いな。20mは登ったかな？
気をつけて！
ヨイショ。

よし、
よく見えるな。

ウン？

あ……、
あれは？

ピカ。

く…、車だ。
間違いない！

本当か？
本当だってば！

確かなの？
見間違いじゃない？
そんな信じられないなら自分で登って確認しなよ。松林に隠れて道路が見えなかったんだよ。

十分可能性があるな。ルイ、お疲れさん。
へへ。

準備をして出発だ。
ハイッ！

あそこの松林を過ぎれば道路が見えるはず！

よし！
早く行こう！
ヘヘイ！

ウン？

何だろう？

動物の巣かな？

早く来て！

ウン！

ツン
ツン

ザブ

良かった。

これくらいなら、足が抜けない心配はないな。
それじゃ、快速で前進しよう！

ザバ
ザバ
ザバ

早く行きたいのに、全然スピードが出ないな、イヤになっちゃう。

でも、これならいくらでも歩けるよ！

ワ～、ユジンも強くなったな！

僕が1番！
タッ
タタッ
負けないぞ！
ヤッタ！
道だよ、道！
僕の言う通り
でしょう？

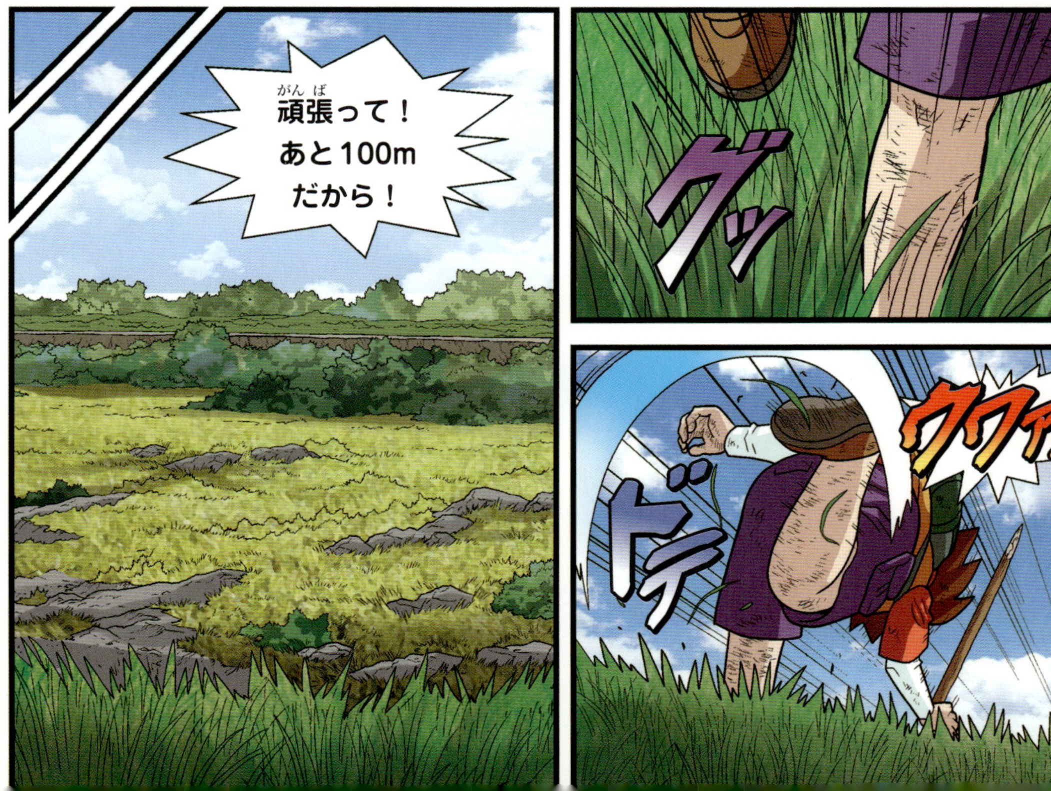
グッ
ウワァ!
ドテ
頑張って！
あと100m
だから！

ガシ
ギャ！
イテテテ。

あら？
さっきもこれと
似たものを見たわ。

これは何だ？
ペ

母ワニは砂の中に
卵を産んで巣を作った
後に葉っぱで
覆っておくんだ。

エエ！
ワニの巣？
これはワニの
巣なんだ。

なぜなら葉っぱが腐ると熱が発生して卵の孵化を助けるからなんだ。
温かいな。
早く出たい。
赤ちゃんワニの性別はホルモンの影響で、孵化の時の巣の温度によって決まるんでしょう？
聞いたことあるわ。

温度が33℃以上ならほとんどがオス、反対に30℃未満なら全部メスが産まれるの。低温の環境は変温動物の生存を脅かすから、子供をたくさん産む必要があるから。
フッ、お目が高いわ。
女で産まれれば良かった。

さすがユジンだな！
シー！

何か音が聞こえるよ。
何だよ、また？

音？
クワッ
クワッ
クワッ
クワッ

まさか、空の巣じゃ
なかったってこと？

母ワニは母性が強くて
卵が孵化するまで
巣を離れないはず
だけど？

!
えっ？
ワ…、ワニ！

ヌー
母ワニだよ！
ガー

アリゲーターvsクロコダイル

「ワニ」を英語の辞書で調べるとクロコダイル（crocodile）とアリゲーター（alligator）の２つがあります。私たちはクロコダイルとアリゲーターをあまり区別しないで使っていますが、実際は多くの違いがあります。調べてみましょう。

	アリゲーター	クロコダイル
色	黒または灰色	オリーブグリーンまたは茶色
口の形	 広いU字型	 長いV字型
攻撃性	相対的に攻撃的じゃない	相対的に攻撃的
好む水	新鮮な水	濁って塩分のある水
生息地	アメリカ南部、中国	アフリカ、オーストラリア、アメリカ
成体の体長	約４m	約５m
卵の巣	キレイな水辺の草むらの中の土に産卵	泥や砂に産卵
下顎の歯	隠れている（口を閉じると見えない） 	見える（口を閉じていても下顎の歯が見える） 

温度によってワニの性別が変わる？

人間をはじめ哺乳類と鳥類は性染色体で性別が決まります。卵子と精子が出会った時点ですでに男女が確定し、その後はいかなる要因でも性別が変わることはありません。しかし魚類や爬虫類などの変温動物は哺乳類や鳥類とは違って性染色体がないため、受精時に性別が決まるのではなく、後の環境状況により性別が変わります。温度で性別が変わる動物にはワニやカメ、そして一部種類のトカゲがいます。特にワニは卵が孵化する時の温度が低いとメスに、温度が高いとオスになります。科学者たちは温度と性別の関係を把握するためミシシッピーワニの巣に温度計を設置し孵化温度を測定、ワニの子どもが生まれた時の性別を１つ１つ調査しました。その結果、湿って涼しい場所にあった巣からはメスが圧倒的に多く生まれ、乾燥して暑い場所の巣からはオスがたくさん生まれました。平均的に33℃以上で孵化した卵からはオスが、30℃以下で孵化した卵からはメスが生まれました。科学者たちは温度により変わってくるホルモンの種類が、オスとメスを決めるのではないか推測しています。

卵から孵化したワニ　ワニは孵化当時の温度が性別の決定に重要な役割をする。30℃以下で孵化した卵からはメスが、33℃以上で孵化した卵からはオスが圧倒的に多い。

13章 ワニの追撃

ヌー

ワ、ワニは
変温動物だから
活動するために
日光浴が
必要だろう？

シマッタ！　俺のミスだ。
母ワニが体温を下げるため
ちょっと巣を離れただけ
だったんだ！
グルル

いつもでは
ないのよ。

今のように強い日差しを持続的に浴びると熱に敏感なワニは体温が急上昇して意識を失うこともあるの。
ホラ、動物番組とかでワニが口を大きく開けて体温調節する場面をよく見るでしょう。
顎が外れそう。
アチチ。
蒸すね。

とにかく逃げよう。大きさが3mはありそう……。
だね。母ワニを刺激しないようにゆっくり下がろう。

ズッ

ノシ
ノシ

クワッ
クワッ
クワッ

ピョコ

こ……、子どもが出て来た！
おい、シー！

！

バシャ
ガー

何で大きな声を出すんだよ！
ウッ！

ワニの赤ちゃんは卵の中から鳴き声で意思疎通をして同時に孵化するんだ。
そして孵化の直後がいちばん危険だから母親に鳴き声で保護を要請するんだよ。
ママ、怖いよ。
早く来て。

スッ
ノシ
ノシ

グルルル
キーキー
キーキー

ガバッ
キー
キー

ハア、良かった。
孵化したての子どもに気を取られて俺たちは見逃してくれそう。

アイツ、母親じゃないんじゃない？ 保護どころか、子どもを食べてるぞ！
キー
キー

バカ、天敵が来る前に子どもたちを安全な水辺に移すんだよ。
ヘエ、そうなの？

今のうちに早く逃げよう。

一難去って
また一難……。
に……、
2頭も！

ワニに
気付かれません
ように！
神様

スッ

グルルル

こうなったら、一か八かやるしかないな！

グルル
もう気付かれた。あの大きいヤツがこの区域のボスっぽいな。
ツイてないな。

ユジン、落ち着け。恐怖に囚われてたら体も自由に動かなくなるぞ。

ダ、ダメよ！あんな大きいのに、相手にならないわ！
それに２頭もいるんだよ！

ワニの狩り方法は潜伏と襲撃だ。よって瞬発力はいいけど、持久力はあまりない。それに地上では水の中より行動が鈍いから、十分逃げられるはず。戦ったらダメだけど。
ノソノソ
もう２時間だぞ、からかわれてるんじゃない？
グ～
いい加減降りて来てよう～。
こいつギブだな。

右側にグルッと回って逃げよう！
ワニが付いて来たら、とにかく走れ！
最悪、ワニと対峙した時は絶対にワニの顎と尻尾とは一直線になってはいけない。攻撃の武器なんだ。
必ず横にずれているように。
?
気をつけて行こう。
ハイ。

グルルル

ガー
ブンッ
走れ！
ダダダダ
バシャ
バシャ
地面がぬかるんでて
スピードが出ない！
バシャ
バシャ
ダダダッ

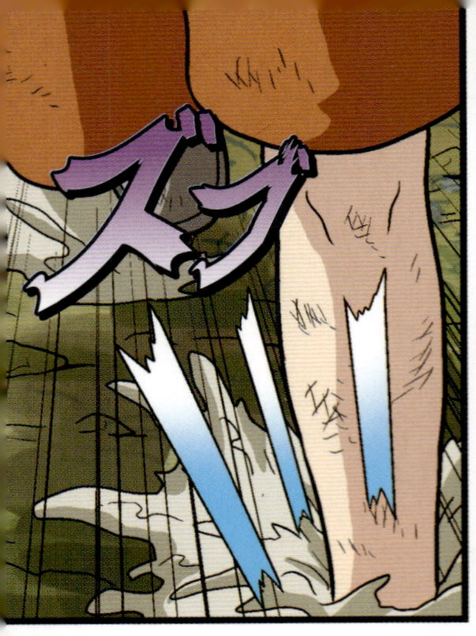
ズブ

叔父さん！
ウワッ！
グラッ

援護するから！
早く立って！

クッ
ガー
ダダダッ

この！
グッ
グッ
ダメだ！
お前まで危なくなるぞ。
早く行け！
ドン
ドン
ドン

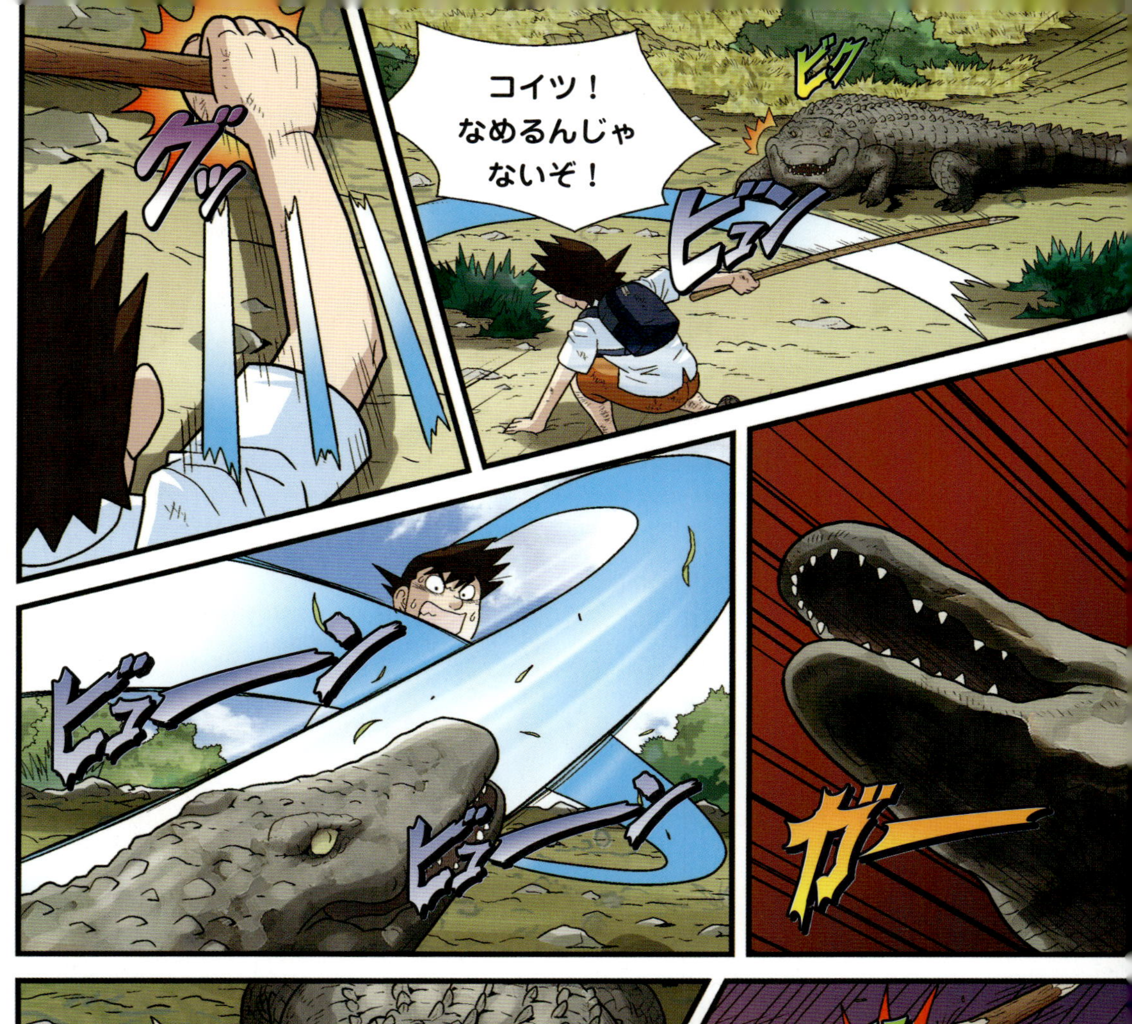
ビク
コイツ！
なめるんじゃ
ないぞ！
ビュン
グッ
ガー
ビュ〜ン
ビュ〜ン

バキ
ガシ
クッ。

ピィイイイ

ピィイイイッ
ギク

パトロールカーだ！
もうすぐだよ、
頑張って！

ピカ
ピィイイ

ピィイ
ピィイ
バッ
グルルル
ガン

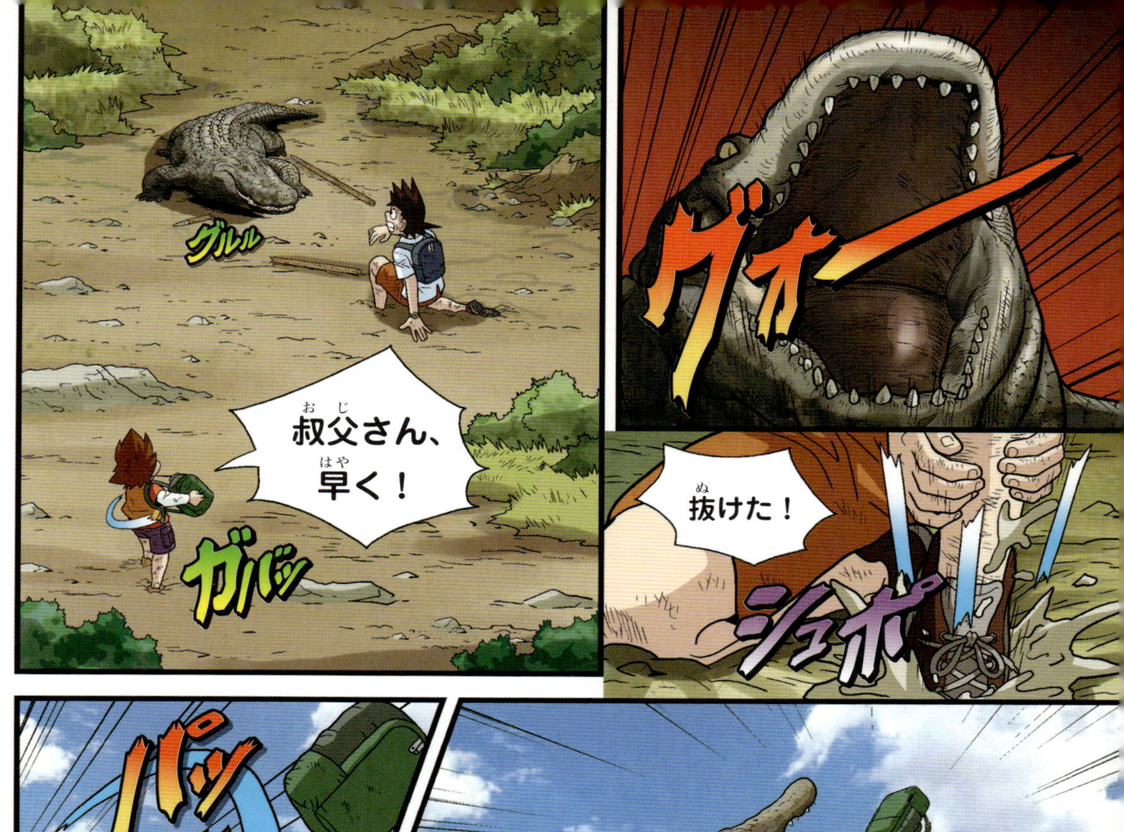
グォー
抜けた！
シュポ
グルル
叔父さん、早く！
ガバッ

パッ

クルル
ガバッ

タッ

Help me!
OK!
ウヒョ〜、走れ！

ガオー
ウワッ！
レンジャーが来た！
ダーンッ

「湿地生物のサバイバル」終わり。

日本語版監修：NPO法人ラムサール・ネットワーク日本　柏木実

湿地生物のサバイバル

2016年11月30日　第１刷発行

著　者　文　洪在徹／絵　鄭俊圭

発行者　須田剛
発行所　朝日新聞出版
〒104-8011
東京都中央区築地5-3-2
編集　生活・文化編集部
電話　03-5541-8833（編集）
03-5540-7793（販売）

印刷所　株式会社リーブルテック
ISBN978-4-02-331550-1
定価はカバーに表示してあります

Translation：Lee Sora
Japanese Edition Producer：Satoshi Ikeda